本书是国家社会科学基金重大项目“实行耕地轮作休耕制度研究”（项目号：15ZDC032）的部分成果

世界轮作休耕实践考察与中国轮作休耕制度探索

杨庆媛　陈展图　江娟丽　邹学荣　印　文　信桂新　著

科学出版社
北　京

内 容 简 介

本书围绕世界轮作休耕制度演进及实践发展和中国实行耕地轮作休耕制度的基础理论问题与应用实践问题进行阐述与总结，构建中国轮作休耕制度基本框架。具体而言，在梳理中国耕地轮作休耕历史沿革的基础上，站在新的历史起点，从中国耕地资源环境、农业供给侧结构性改革、粮食安全等方面的现实需求，解读现阶段实行耕地轮作休耕制度的客观环境和制度基础；探讨中国大陆现行耕地利用与保护制度及耕地轮作休耕制度的关系，对比中国与部分发达国家，以及大陆与台湾地区耕地轮作休耕制度的发展与异同，寻找中国实行耕地轮作休耕制度可资借鉴的制度建设经验和方案设计经验。

本书的读者对象为农业农村部门、自然资源部门管理工作者，耕地资源利用与保护等领域的研究者，高等院校土地资源管理、农林经济管理、农业地理学等专业的师生。

图书在版编目(CIP)数据

世界轮作休耕实践考察与中国轮作休耕制度探索/杨庆媛等著.—北京：科学出版社，2021.5

ISBN 978-7-03-068652-7

Ⅰ.①世… Ⅱ.①杨… Ⅲ.①休耕-轮作-研究-世界 Ⅳ.①S344.1

中国版本图书馆 CIP 数据核字（2021）第 071602 号

责任编辑：杨逢渤 / 责任校对：樊雅琼
责任印制：吴兆东 / 封面设计：无极书装

科学出版社 出版
北京东黄城根北街 16 号
邮政编码：100717
http://www.sciencep.com

北京虎彩文化传播有限公司 印刷
科学出版社发行 各地新华书店经销

*

2021 年 5 月第 一 版 开本：720×1000 1/16
2021 年 5 月第一次印刷 印张：9 1/2
字数：200 000

定价：118.00 元

（如有印装质量问题，我社负责调换）

前　言

2015 年 10 月 29 日，党的十八届五中全会通过了《中共中央关于制定国民经济和社会发展第十三个五年规划的建议》，首次提出“探索实行耕地轮作休耕制度试点”；习近平总书记在《关于〈中共中央关于制定国民经济和社会发展第十三个五年规划的建议〉的说明》中指出，“经过长期发展，我国耕地开发利用强度过大，一些地方地力严重透支，水土流失、地下水严重超采、土壤退化、面源污染加重已成为制约农业可持续发展的突出矛盾”。一段时间以来，国内粮食库存增加较多，仓储补贴负担较重。同时，国际市场粮食价格走低，国内外市场粮价倒挂明显。利用现阶段国内外市场粮食供给宽裕的时机，在部分地区实行耕地轮作休耕，既有利于耕地休养生息和农业可持续发展，又有利于平衡粮食供求矛盾、稳定农民收入、减轻财政压力。实行耕地轮作休耕制度，国家可以根据财力和粮食供求状况，重点在地下水漏斗区、重金属污染区、生态严重退化地区开展试点，安排一定面积的耕地用于休耕，对休耕农民给予必要的粮食或现金补助。开展这项试点，是国家实施“藏粮于地、藏粮于技”战略的重要内容，要求以保障国家粮食安全和不影响农民收入为前提，休耕不能减少耕地、搞非农化、削弱农业综合生产能力，确保急用之时粮食能够产得出、供得上。同时，要加快推动农业走出去，增加国内农产品供给。耕地轮作休耕情况复杂，“要先探索进行试点”，习近平总书记对我国探索实行耕地轮作休耕制度的背景意义、目标要求进行了精准阐述，对我国耕地轮作休耕制度的顶层设计做出了总体部署。但中国的耕地轮作休耕制度如何构建、如何推进、如何彰显中国特色而又与世界接轨、如何继承传统耕作制度而又不断创新，是摆在我国学术界和各级政府面前的重大课题。

作为国家社会科学基金重大项目“实行耕地轮作休耕制度研究”（项目号：15ZDC032）的部分成果，本书围绕世界轮作休耕制度演进及实践发展和中国轮作休耕制度的基础理论问题及应用实践问题展开研究，主要包括如下内容。

（1）解读了中国实行耕地轮作休耕制度的国内外背景及宏观环境。

中国实行耕地轮作休耕制度是内力和外力综合作用的结果。在内力方面，主要包括：①部分耕地资源环境严重透支，如地下水超采、土壤污染、土壤退化等，迫切需要让耕地休养生息；②农业供给侧结构性改革的强力驱动；③粮食综合生产能力的高位稳定等；在外力方面，主要包括：①国际粮食市场供应充足，为中国实行轮作休耕提供了有利窗口；②农业科技进步（良种的推广、单产的提高、土壤的改良等），为中国实行轮作休耕提供了可能。然而，尽管中国实行耕地轮作休耕制度有强大的内外推力和拉力，但并不意味着可以盲目实施，而是需要审慎推进。

（2）梳理和总结了中国耕地轮作休耕的历史沿革以及实行耕地轮作休耕制度试点的总体情况。

轮作休耕在中国具有悠久的历史，本书梳理了中国从原始社会到中华人民共和国成立以来各个历史阶段的轮作休耕实践和理论知识，总结了历史经验对中国当前开展耕地轮作休耕制度试点的启示。在摸清中国轮作休耕实践整体情况的基础上，从休耕规模、空间分布、组织方式、技术模式等方面，对国家统一部署试点和地方自主试点两种类型的轮作休耕实践活动进行了分析和总结，完成了对中国耕地轮作休耕实践的全面了解和清晰认识。

（3）总结了代表性发达国家、欧盟和中国台湾地区耕地轮作休耕制度的经验及启示。

多角度、全方位考察分析了代表性发达国家（美国、加拿大、日本、澳大利亚）、欧盟和中国台湾地区轮作休耕的耕地选择、区域布局、规模确定技术方法，从轮作休耕的制度体系，项目的申请程序和要求，轮作休耕的补偿标准、激励机制、监督机制、风险防范机制等方面，总结了代表性发达国家、欧盟和中国台湾地区轮作休耕制度的异同及经验教训，为建立和完善具有中国特色的现代轮作休耕制度体系提供了外部参考。

（4）构建了中国轮作休耕制度体系基本框架。

中国的轮作休耕制度是建立在小农经济和土地公有制基础之上的，在实行耕地轮作休耕制度时，既要延续传统耕作方式，又要在新形势下对耕地保护制度进行创新。本书对新形势下中国轮作休耕制度框架进行了概念性设计，包括区域差异化的轮作休耕模式设计、轮作休耕地的诊断与识别、轮作休耕规模的测定、轮作休耕地的时空优化配置、轮作休耕补助标准及补助方式、轮作休耕行为主体的响应及协调、轮作休耕地的利用与管理、轮作休耕的监测评估、与现有耕地保护制度相兼容的法律法规体系、以轮作休耕为平台的耕地综合治理机制等方面。

本书力求站在中国耕地轮作休耕制度研究的最前沿，主要创新点表现在两个方面：第一，从纵向和横向两个维度，对中国历史上的农耕制度变迁和当今世界典型国家、地区的轮作休耕制度进行了系统梳理、对比分析、客观总结，为构建中国现代轮作休耕制度提供了厚实基础，为快速而准确地掌握国内外轮作休耕现状提供了丰富翔实的资料。第二，本书除了关注耕地本身、关注国内环境之外，重点对中国实行耕地轮作休耕的国际环境、耕地资源变化等进行了全方位扫描和解剖，清晰地展现了中国实行耕地轮作休耕制度的多重背景和目的，为中国现代轮作休耕制度的构建构筑了更加多元的安全线。

从中国耕地轮作休耕历史沿革到今天建立正式制度，可以认为传统的精耕细作和轮作休耕，本质上都是科学用地与养地，但两者的外在表现形式已经发生了巨大变化；轮作休耕是一项长期战略，不仅需要短期的政策试点，强力启动，更需要与转变农业发展方式、推行现代农业经营模式相融合，实现长期推广。在总结典型国家和地区的轮作休耕制度后发现，要确保粮食安全和生态文明建设，需要合理确定轮作休耕规模；轮作休耕模式的选择应充分考虑区域农业资源禀赋和生态环境特点；以收益平衡和保障农户生计为基础建立和完善补偿标准。中国的轮作休耕制度要与中国现行的农地家庭承包经营制度相适应；对轮作休耕制度运行成本要有清晰的预期，基于耕地细碎化和小农经济的现实国情设计轮作休耕制度，才能降低制度运行成本和监督成本，提高运行效率；中国轮作休耕制度体系基本框架构建，应基于不同区域的问题导向、资源本底和耕地利用特点，针对性地设计差异化的轮作休耕模式，如地下水漏斗区——节水保水型休耕模式、重金属污染区——清洁去污型休耕模式、生态严重退化区——生态修复型休耕模式等；建立包括耕地本底条件、经济社会条件、耕地利用状况等因素在内的诊断体系，对轮作休耕耕地进行识别；应基于粮食安全、生态安全、社会经济发展，构建耕地轮作休耕规模综合预测模型，合理确定全国轮作休耕规模的上限；将轮作休耕区域、轮作休耕规模和轮作休耕时间进行优化组合，实现对轮作休耕定位、定量、定序的宏观调控，优化轮作休耕地的时空配置。轮作休耕补助是休耕制度运行的核心动力，轮作休耕补助标准应体现耕地的综合价值；强化轮作休耕地的利用与管理，以轮作休耕为平台开展耕地综合治理。

本书在结构安排和写作上力求体现如下特色：一是充分体现历史延续性和现势性。制度是有延续性的，传承了几千年的中国农耕制度尤为如此。在分析中国农耕制度的历史变迁时，本书从原始社会溯源，历经奴隶社会、封建社会，直到中华人民共和国成立，时间脉络清晰，同时，对世界典型国家的现代轮作休耕制度进行了综合考察，现势性体现得也比较充分。二是理论性与应用性高度融合。本书既有学术研究的理论高度和深度，处处留有让读者思考的空间，又紧贴国家和地方轮作休耕制度试点的实践进展，让读者紧跟该领域的发展。总览全书，作者以专业的洞察力、平实的语言，将轮作休耕制度建立的历史基础和当代要求进行详细阐述和细致介绍，力求使本书具有很强的可读性和实用性，让读者在阅读的过程中享受“悦读”。

本书是国家社会科学基金重大项目的部分成果，所依托的项目研究也产生了较大的学术影响和社会影响，其中，一些阶段性研究成果被评为“中国精品科技期刊顶尖学术论文”、获《新华文摘》全文转载、在《中国社会科学报》专版刊发、被地方政府出台的轮作休耕政策所采纳等，较好地实现了学术研究向应用对策的成果转化，回归了学术研究的初心。

本书的完成凝聚了大量课题组成员的心血，在此感谢参与课题研究的师生们所付出的努力！

由于作者水平有限，虽几经修改，书中难免有疏漏和不妥之处，敬请各位专家和读者批评指正！

杨庆媛

2020 年 9 月

目　　录

第1章　绪　　论

1.1　问题的提出

1.1.1　研究背景

（1）轮作休耕制度作为中国新时期农业政策和生态文明建设的战略性制度安排，迫切需要开展背景解读与经验借鉴的相关研究。

耕地是土地的精华部分，是中国最宝贵的自然资源。为了保护中国耕地资源、保障国家粮食安全，实现“藏粮于地、藏粮于技”，促进耕地可持续利用和农业可持续发展，2015 年 10 月党的十八届五中全会做出了“探索实行耕地轮作休耕制度试点”的重大战略部署；2016 年 6 月农业部（现农业农村部）等十部委办局联合印发《探索实行耕地轮作休耕制度试点方案》（简称《试点方案》）。《试点方案》明确指出，实行耕地轮作休耕“既有利于耕地休养生息和农业可持续发展，又有利于平衡粮食供求矛盾”，并安排在东北冷凉区、北方农牧交错区等地进行轮作试点，在河北省黑龙港地下水漏斗区、湖南省长株潭重金属污染区和西北生态严重退化地区开展耕地休耕试点；同时根据农业结构调整、国家财力和粮食供求状况，适时研究扩大试点规模。2016 年、2017 年连续两年的中央一号文件均提出通过轮作休耕加快农业环境突出问题治理的要求，党的十九大报告和 2018 年中央一号文件继续强调扩大轮作休耕试点工作，加大生态系统保护力度，加强生态系统的修复；2018 年国务院政府工作报告提出“耕地轮作休耕试点面积增加到 3000 万亩[①]”。农业部在 2018 年 2 月的新闻发布会上指出，2018 年试点规模比上年翻一番，此后每年按一定比例增加，加上地方自主开展轮作休耕，力争到 2020 年轮作休耕面积达到 5000 万亩以上，且实现“区域上拓展”。根据《试点方案》，在推动耕地轮作休耕制度试点工作中，应秉持巩固粮食产能以保障粮食安全为前提，加强政策引导以促进农民增收为根本，突出问题导向以

① 1 亩≈666.67m^2。

施行差异化政策，尊重农民意愿以助推政策实施为原则。尽管目前轮作休耕制度试点工作已在中国南北大地上如火如荼地展开。然而，作为一项国家组织化、规范化的制度安排，轮作休耕制度在中国（不包括台湾）尚属新生事物，理论基础和实践经验还很薄弱，相关研究成果也较为缺乏，迫切需要开展背景解读与经验借鉴的相关研究。

（2）国内外轮作休耕制度实践经验可为中国新时代轮作休耕制度建设提供借鉴。

休耕作为土地利用的一种方式，具有悠久的历史，而作为土地利用制度已在欧美、日本等发达国家和地区取得了丰硕的研究成果。学习借鉴这些国家和地区的制度建设和实践经验，对探讨适宜中国（不包括台湾）的制度设计和政策安排是一条有益的途径。欧美国家在20世纪初期就已认识到耕地保护和粮食安全的重要性，积极开展耕地的轮作、休耕实践。美国从1933年开始，通过立法将耕地保护、土地休耕纳入生态保护制度中。轮作在欧洲也有悠久的历史，中世纪以来就十分盛行。欧盟为降低农业生产对土地的不利影响，从1992年开始了农业政策的麦克萨里改革（Macsharry Reform），利用经济收益引导农民进行耕地休耕，最终不仅在生态环境保护方面取得了较好效果，并且保障了区域粮食供需平衡（Groier，2000）。人多地少、人均耕地面积少的日本从20世纪70年代初就开始实行休耕政策，包括轮种休耕、管理休耕和永久性休耕三种主要类型，其目的是将一定规模的土地退出粮食生产（Yamazaki et al.，2003），调控粮食产量。中国台湾地区从20世纪末开始进行稻田转作及休耕，以控制稻米产量（李增宗等，1997）。因此，本书从休耕制度目标、申请程序与机制、规模和空间布局、影响与效益评价等方面总结世界主要国家和地区休耕经验和制度特征并进行学术回顾，以期对中国正在实施的休耕制度试点提供逻辑起点和制度借鉴，便于中国大陆地区在借鉴已有研究成果与实践经验的基础上，探索出符合国情的耕地轮作休耕制度。

中国是世界三大农业起源中心之一，在不同历史时期及不同地域有着不同的农业耕作制度（王宏广，2005），并形成了以用地和养地相结合为典型特征的传统耕作制度。在世界农业史上，中国农耕制度发展最充分、最典型，经历了原始社会木石农具、刀耕火种的撂荒耕作制，奴隶社会沟洫农业、定期轮换的休闲耕作制，封建社会前期北方精耕细作、南方火耕水耨、利用粗放的连作制，以及封建社会中后期至中华人民共和国成立以来较长时期的水旱轮作、稻麦两熟、复种多熟的轮作复种制等耕作制度，这些耕作制度共同构成了精耕细作的土地用养结合模式及相关的一整套耕作技术体系。尽管传统的耕作制度与中国当前正在实施的轮作休耕在组织机构、国内外环境、保障措施、技术手段等方面存在巨大差异，但其内核均在于保护耕地地力，以维持耕地产能，实现耕地资源的可持续利用。因此，对历史经验的总结可以为当前及未来的耕作制度改革提供借鉴，便于中国当前的轮作休耕制度在传统耕作制度上的继承、发展和创新。

1.1.2 研究意义

解读现阶段中国实行耕地轮作休耕制度的国内外宏观背景与制度建设经验，是科学制定新时期中国轮作休耕制度的基本前提。

(1) 研究中国粮食安全现状和农业供给侧结构性改革需求，是科学构建耕地轮作休耕制度的重要依据。民以食为天，粮食不仅是人民群众最基本的生活资料，更是关系国计民生和国家经济安全的战略物资，粮食安全与社会和谐、政治稳定、经济可持续发展息息相关，牵一发而动全身。中国作为粮食生产大国和人口大国，粮食安全一直是“天字第一号”大问题，实行耕地轮作休耕制度必须以保障国家粮食安全为前提。同时，2015 年 12 月召开的中央农村工作会议提出要“着力加强农业供给侧结构性改革”，“形成结构合理、保障有力的农产品有效供给”，实行耕地轮作休耕以促进农业供给侧结构性改革是该项制度设计的应有之义。因此，研究中国粮食安全现状和农业供给侧改革需求，是科学构建耕地轮作休耕制度的重要前提和基础依据。

(2) 研究现有耕地利用与保护制度，可从中寻找实行耕地轮作休耕的制度基础，减小制度间的冲突，加速制度融合。制度因素是影响耕地保护的关键因素(吴次芳和谭永忠，2002)。中国从 20 世纪 70 年代末开始，制定并颁布了一系列保护耕地资源的法律、法规和政策，目前已经形成了比较完整的耕地保护制度体系。全面梳理现行的耕地利用及保护制度，有利于从制度目标的实现情况和制度演变趋势中寻找中国实施耕地轮作休耕制度的制度基础，有利于从已有耕地保护制度中寻找耕地轮作休耕制度实行的审批条件，以及探寻轮作休耕基本规模估算的理论范式和补偿原则的借鉴起点。

(3) 基于中国耕地细碎化和小农经济国情，研究耕地轮作休耕制度的利益主体和耕地的生态环境质量状况等对休耕制度的需求特点，为设计低运行成本和监督成本的轮作休耕制度体系提供依据。发达国家的轮作休耕制度多是建立在土地私有制、规模化经营及较为完善的土地登记制、税收和信用制等制度的基础之上；轮作休耕的补贴对象通常是农场主，轮作休耕地块面积较大、地块形状规整，同时每一地块都经过了产权登记，能够较为便捷地进行税收、补贴和监控等方面的数字化、精细化管理。中国实行的轮作休耕制度是建立在耕地细碎化和小农经济这一基本国情之上的，由于每户农户拥有的地块多、面积小，精准化管理难度大、要求高，要落实一定数量的休耕地，需要投入巨大的人力和财力，必然会增加制度运行成本和监督成本。此外，农户的诚信制度、契约精神也尚未完全建立起来。因此，系统研究中国耕地轮作休耕制度的利益主体及其作用机制、制度客体——耕地资源本底及利用条件，有助于为降低轮作休耕制度运行成本和监督成本提供科学依据。

（4）研究中国不同地域耕地利用情况是因地制宜设计轮作休耕模式的必要条件。中国地域差异明显，人均耕地少，后备资源严重不足，必须针对不同区域耕地资源禀赋、耕地利用强度、耕地受污染程度、耕地现有地力状况等诸多差异，设计出适合于中国国情的耕地轮作休耕制度的宏观决策体系，为耕地轮作休耕制度试点及推广提供技术支撑。同时，根据不同类型地区所面临的生态环境问题、农业种植结构、休耕方式、田间管理水平、农田生产力等，进一步设计出因地制宜、具有区域差异化的轮作休耕模式。

（5）研究实行耕地轮作休耕制度的背景与经验是建立轮作休耕制度体系不可或缺的环节。在系统归纳前人研究成果的基础上，围绕中国实行耕地轮作休耕制度的现实基础、制度前提和国外实践状况，分析国内实行轮作休耕制度的物质基础和国外在实行轮作休耕制度过程中所遇到的现实困境，对比研究国内外实行耕地轮作休耕制度的背景基础，总结国外实行轮作休耕制度的经验教训，为中国实行耕地轮作休耕制度提供理论依据和经验借鉴。解读实行耕地轮作休耕制度的战略背景，廓清实行轮作休耕制度的环境，厘清轮作休耕制度与已有的耕地利用与保护制度之间的关系，梳理中国及国际上轮作休耕制度的发展现状，借鉴发达国家和地区的成功经验，是有针对性地设计适合中国国情的耕地轮作休耕制度的坚实基础。

1.2 轮作休耕的核心概念界定

1.2.1 轮作与休耕

1. 轮作

轮作（crop rotation）是相对于连作而言，所谓连作是每年都在同一块农田上栽培同一种作物的耕作方式，而轮作则是以不同种类的作物按一定顺序循环栽培的耕作方式（刘巽浩，1994）。在同一块田地上，将同一种作物年年连续种植的方式称为连作（continuous cropping），也称为重茬（曹敏建，2013）。轮作即轮换种植作物，指在同一田块上，在一定时间内，按照作物的特性，有顺序地轮换种植不同作物的种植方式，也叫作换茬、倒茬。但轮作是有计划、有顺序地轮换种植不同作物，而换茬、倒茬比较随意（刘巽浩，1994；曹敏建，2013）。可以说轮作是用地养地相结合的一种生物学措施，是在同一块田地上，有顺序地在季节间或年份间轮换种植不同作物或复种组合的一种种植方式，包括在年际间进行的单一作物的轮作和在一年多熟条件下的复种轮作。长期以来中国旱地以禾谷类为主或采用禾谷类作物、经济作物与豆类作物的轮作模式，或与绿肥作物进行轮换种植，有的水稻田实行与旱地作物轮换种植的水旱轮作。

2. 休耕

休耕作为一种耕作方式或土地利用方式，是最近半个世纪以来才出现的专业术语，之前一直被称为休闲或休闲耕作制。与“休耕”相对应的英文是 fallow，此外相近的还有 land set-aside，land retirement 等，都包含有休耕、土地休闲的意思。表 1-1、表 1-2 分别是北京农业大学编著的《英汉耕作学词汇〈农业专业词汇〉教材》和《新时代汉英大词典》《新时代英汉大词典》中关于“休耕、休闲”等耕作学术语的英文-中文对照。

表 1-1 “休耕、休闲”等耕作学术语的英文-中文对照

英文	中文	英文	中文
fallow stage	休闲阶段	fallow ground/ fallow land	休闲地
fallow	休闲；体闲地	fallow rotation of system	休闲轮作制
fallow cropping system	休闲耕作制	fallow farming system	休闲农作制；休闲耕作制
fallow cultivation	休闲地耕作	fall fallow	秋耕休闲；秋耕休闲地
fallow system	休闲制	rotation cropping	轮作
fallow field	休闲田；体闲地	no-cultivation/ non-cropping	休耕

表 1-2 《新时代汉英大词典》《新时代英汉大词典》中对“休闲、休耕”的互译

《新时代汉英大词典》		《新时代英汉大词典》	
汉	英	英	汉
休闲	lie fallow	fallow	休耕的；闲置（至少一年的）；休耕地；使（土地）休耕
休闲地	fallow land	fallow ground	休耕地
休闲作物	fallow crops	lay land fallow	让土地休耕

中国学界对“休耕”界定不一。耕作学、农学、土壤学等著作中的“休闲”约等同于休耕。上海辞书出版社出版的《辞海》（第六版）没有对休耕进行定义，其对休闲的定义是：“休闲，农田在一定时期内不种作物，借以休养地力的

措施。在地广人稀的地区以及受某些自然、经济条件限制的情况下常采用较长时期（约一年或一年以上）的休闲。休闲期间仍进行土壤耕作，以清除田间杂草并使土壤中多积蓄水分和养分。休闲期间不进行土壤耕作的，称‘绝对休闲’。在复种地区，也有采取季节性休闲的，如南方水稻田的冬季休闲，两年三熟地区的夏季休闲等”。《现代汉语词典》（第7版）对休闲的定义是：“（可耕地）闲着，一季或一年不种作物”；休耕是指“为了恢复耕地的地力，在一定的时间内停止耕种”。

赵其国等（2017）、黄国勤和赵其国（2017）认为，休耕亦称休闲（fallow），是复种的对义词，从农学的角度是指耕地在可种植作物的季节只耕不种或不耕不种的方式，目的是使耕地短暂休息，减少水分、养分的消耗，并蓄积雨水，消灭杂草，促进土壤潜在养分转化，为以后作物生长发育创造良好的土壤条件。根据休闲时间的长短，可分为全年休闲和季节休闲（刘巽浩，1994；李建民和王宏富，2010；曹敏建，2013）。张慧芳等（2013）认为休耕是对肥力不足、地力较差的耕地在一定时期内不种农作物，但仍进行管理以恢复地力的方法。罗婷婷和邹学荣（2015）认为，休耕是指土地所有者或使用者为提高以后耕种效益、实现土地可持续有效利用，采取的一定时期内土地休养生息——不耕种，以保护、养育、恢复地力的一种措施。揣小伟等（2008）认为休耕是保持土壤质量、恢复地力、减少病虫害、减少农业污染以及增强农产品安全性的重要手段。赵雲泰等（2011）认为，休耕作为耕地储备的一种形式，是对耕地养护的长期过程。学者们几乎一致认为，休耕是一种组织性的耕作制度，是保护耕地的积极行为。本书认为，休闲多指状态，休耕多指行为，休闲与休耕虽有相通，但并不等同。例如，人们很自然地就想到休牧针对的是过度放牧的草地，而休渔针对的是过度捕捞的渔业，因此，应参考广为接受的“休牧”“休渔”的概念，扩充休耕的内涵。综合各方观点，休耕有狭义和广义之分，本书采用狭义的休耕概念并将其定义为：休耕是指在耕地可耕作季节，暂时停止以获取经济利益为目的的耕作行为，而采取绿肥还田、土地整治等非收益性措施，并给予参与该行为的农户一定补助，有组织、有计划地提升耕地可持续利用能力的一种土地利用方式。休耕结束后耕地将重新投入耕作。广义上，休耕作为耕地保护的一项措施，包括退耕、撂荒、闲置、轮作等耕地利用行为，以及养地、治理、修复等系列活动。

1.2.2 撂荒与退耕

撂荒（shifting cultivation）原指荒地开垦种植几年后，较长时期弃而不种，待地力恢复后再行垦殖的一种土地利用方式。在生产实践中，当休闲年限在两年以上并占到整个轮作周期的2/3以上时，也称为撂荒（刘巽浩，1994）。而在现实中，撂荒是指农地承包经营者在较长时期放弃对土地的耕作和管理，任其荒芜的现象。撂荒不利于耕地地力的改善，是一种浪费土地资源、消极的土地利用方式。

退耕则是指耕地退出耕作，完全转变为其他土地利用类型，如退耕还林、退耕还草、退耕还湖等，可视为永久性休耕，是休耕的一种特殊形式（图 1-1）。在实际休耕过程中，休耕可以与轮作、退耕、撂荒、土地整治等统筹起来，发挥多项措施的叠加效应，共同作用于耕地保护。休耕、轮作、退耕三者之间的关系见图 1-1。

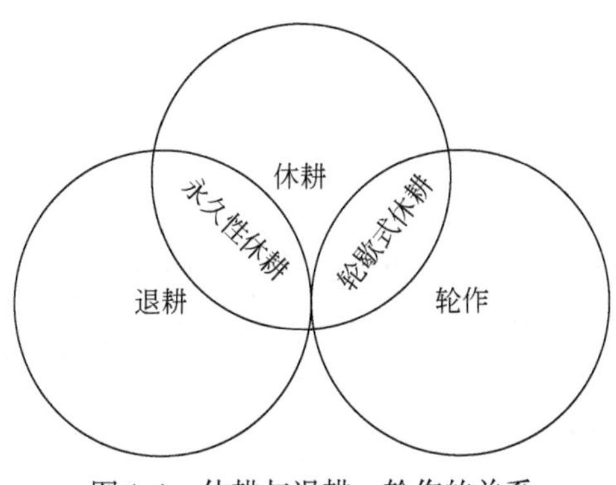

图 1-1 休耕与退耕、轮作的关系

1.2.3 轮作休耕制度

休耕与轮作既有联系，又有区别。对同一块土地而言，轮作是连续经营土地的行为，并以一定的时间为周期、有规律地交替轮换种植作物；休耕是在一定时间内（如一季、一年、多年等）停止对土地的经营，以期恢复地力，待休耕期满后继续经营。从广义上来说，休耕也是轮作的一种方式，是在一块耕地上种与不种粮食作为（或经济作物）的周期性轮换，具体方式为种植粮食作物（或经济作物）—种植非粮食作物（种植绿肥或其他或不种）—种植粮食作物（或经济作物）—种植非粮食作物（种植绿肥或其他或不种）。实行轮作休耕制度是指国家将轮作休耕上升到政策法律层面，并以实体性制度的形式予以体现。因此，作为一项制度来说，轮作休耕制度是一个整体，并不严格区分轮作、休耕或轮作休耕，而是轮作制度、休耕制度、轮作休耕制度的集合或其中某一项制度。

1.3 轮作休耕的类型划分

不同的研究视角对休耕类型有不同的划分，如根据出现时序和土地利用强度可以分为森林式休耕、灌木式休耕、草地式休耕连作制和复种制，根据休耕期的长短可以分为季节性休耕、全年休耕和轮作式休耕等，根据休耕的功能和模式可以分为节水保水型休耕、生态修复型休耕和清洁去污型休耕等。

1.3.1 根据出现时序和土地利用强度划分

丹麦学者、农业经济学家博塞拉普（2015）按照休耕类型的出现时序和土地利用集约化程度的高低，把土地利用类型（休耕方式）分为五种（表1-3），并认为休耕方式与农业技术水平、农业工具的使用、资本的投入有密切的关系。

表1-3 博塞拉普的农业耕作方式变迁

类型	耕作期	休耕期	人口密度/(人/km^2)	特征
森林式休耕	1～3年	≥20年	≤8	均称为长期休耕耕作或轮作（轮垦），刀耕火种、游耕，不固定
灌木式休耕	1～8年	6～10年	10～20	
草地式休耕	几年	1～2年	>30	也可称为短期休耕
连作制	几个月	≤1年	>100	包含了年度轮作制度
复种制	连续耕作	无	>250	高度集约化

资料来源：王建革，1997；杜玉欢等，2013；博塞拉普，2015。

博塞拉普认为，农业耕作方式随着人口压力的增加而发生变迁，土地休耕期变得越来越短，土地集约化程度不断提高。森林式休耕是标准的刀耕火种农业，距今约1万年前，土地利用极其粗放，但人们往往将森林式休耕和灌木式休耕都称为刀耕火种。在原始社会，人口密度很小，一般在8人/km^{2}以下，森林里有足够多的土地可供原始人类使用。但森林里刀耕火种的土地只能耕种1～3年，土壤肥力就流失殆尽。此后数年，人们将土地休耕，离开居住地到森林别处重新开垦土地。森林式休耕的休耕期通常在20年以上，在休耕土地上生长的森林类型被称为次生林，以区别于原生林。

在原始社会后期，人类走向定居，木石农业被广泛采用，出现灌木式休耕。灌木式休耕的休耕期变短，通常在6～10年。此阶段土地耕作前的植被覆盖已不再是森林，而是相对低矮的稀疏灌木和杂草。随着地上干物质积累层的减少，土壤的肥力越来越差，杂草的清除也越来越依赖于锄耕。灌木式休耕适宜人口密度一般为10～20人/km^2。

距今5000～4000年前，金属农具的出现提高了农业生产效率，灌木式休耕向草地式休耕转变。草地式休耕期只持续1～2年，在如此短的休耕期内，除野草外没有别的动植物能侵扰休耕。因此，该制度被称为草地式休耕，也可称为短期休耕制，其支持的人口密度在30人/km²以上。

封建社会以来，人口激增，人地关系变得紧张。铁器、牛耕出现并被广泛使用，为得到可以维持生存所需的农产品，人类必须连续耕种土地，即连作制。该耕作制一年种植一茬作物，其支持的人口密度在100人/km²以上。在一种作物成熟和种植下一茬作物之间，土地通常有数个月没有耕作，也就是说连作制的休耕期在1年以内。

社会生产力的进步使得人口数量持续增加。公元5～6世纪，复种制开始流行并占据主导地位，复种制使得一块土地在1年内可以种植几茬作物，其支持的人口密度高达250人/km²以上。复种制是集约化程度最高的土地利用方式，同样的地块每年要种植两次甚至多次接续的作物，休耕期很短，甚至没有休耕期。

从人类发展的历史来看，农业耕作方式经历了森林式休耕→灌木式休耕→草地式休耕→连作制→复种制的演变历程。在同一时期，则存在着发达国家和地区与欠发达国家和地区不同耕作方式并存的现象，如某些热带地区的森林式休耕和大部分国家的连作制、复种制可能是同时存在的，且在人地关系压力下表现出从粗放利用到集约利用的转移趋势。

1.3.2 按照休耕期的长短划分

休耕制有两种方式：轮作制和完全意义上的休耕（肖主安，2004）。

根据休耕时间的长短，可以分为季节性休耕、全年休耕和轮作式休耕：季节性休耕指耕地在一年中的某个季节休闲，如冬闲、秋闲或夏闲等；全年休耕指耕地整年休闲；轮作式休耕将作物轮作与耕地休耕结合起来，即耕地在轮作周期内（如3～5年），各个田区依次轮流休闲，如欧洲的“三圃制”（赵其国等，2017；黄国勤和赵其国，2017）。还有学者认为休耕期在5年以上的称为长休，如美国的自然保护计划要求休耕10～15年（罗婷婷和邹学荣，2015）。由此看来，休耕与轮作既有联系，又有区别。对同一块土地而言，实行休耕就意味着不能实行轮作；而对于多块土地而言，则可以进行轮流休耕，休耕与轮作可以同时交互进行。此外，如果耕地退出耕作，则可视为永久性休耕。

1.3.3 按照休耕的功能和模式划分

根据耕地利用问题、资源本底条件，杨邦杰等（2015）将京津冀区域农田休耕分为三类：一是地下水超采、土壤污染、水土流失严重的区域，实行永久性休耕或长期休耕；二是地下水超采、土壤污染、水土流失一般的区域，采取环境修复型休耕和轮作方式；三是具备较好水土资源条件的优质农田区，依据粮食供应紧张程度采取市场调节性休耕和保护性休耕。杨庆媛（2017）、陈展图和杨庆媛（2017）基于区域层面，针对华北等缺水地区，提出探索节水保水型休耕模式，重点加强农田水利设施建设，减少地下水抽取，推广能肥地、需水量少的作物，发展节水型农业；重金属污染区应探索清洁去污型治理式休耕，降低土壤中重金属含量，使土壤恢复健康；生态严重退化区应探索生态修复型休耕，主动降低农业活动对生态系统的干扰程度。王志强等（2017）对中国轮作休耕制度进行了分类分析，分别提出了地下水漏斗区的恢复平衡型、重金属污染区的环境修复型和生态严重退化区的生态保护型轮作休耕技术措施。

此外，还可以根据休耕期间是否对耕地进行有效管护将休耕分为消极休耕和积极休耕，消极休耕如撂荒、闲置等，虽然停止了对耕地的耕作，但对耕地地力提升、生态环境的改善没有起到积极作用；积极休耕伴随着对耕地进行整治、种植绿肥等，是主动提升地力的耕地利用行为，本书中的休耕指积极休耕。

1.4 研究目标及主要研究内容

1.4.1 研究目标

本书的研究目标如下。

（1）厘清中国实施耕地轮作休耕制度的现实基础，主要包括耕地健康、粮食安全、耕地的生态安全、粮食供求平衡等方面，以此论证中国实行轮作休耕制度的可行性和必要性。

（2）剖析中国耕地利用与保护制度同中国轮作休耕制度之间的关系，寻找中国实行轮作休耕制度的制度背景基础。

（3）厘清中国与典型国家（组织、地区）实施轮作休耕制度的背景基础差异，总结国内外轮作休耕的制度建设经验和技术方案设计经验。

（4）充分吸收典型国家（组织、地区）轮作休耕制度建设的经验，为构建有中国特色的轮作休耕制度提供决策依据。

1.4.2 主要研究内容

1）轮作休耕核心概念解读与中国耕地轮作休耕的历史沿革梳理

着重对轮作、休耕、轮作休耕制度等核心概念进行界定和阐释以辨析轮作、休耕与其他相关概念的区别与联系，明确新时代中国耕地轮作休耕制度的含义，为整个项目研究的开展奠定基础。同时，梳理中国从原始农业社会到中华人民共和国成立以来各个历史阶段的轮作休耕实践和理论知识，总结历史经验对中国当前开展耕地轮作休耕试点的启示。

2）新时代中国实行耕地轮作休耕制度的国内外背景解读

从中国耕地资源的质量和健康状况，粮食的供需、库存状况，农业供给侧结构性改革、国际粮食市场变动等方面对新时代中国实行耕地轮作休耕制度的国内外背景进行解读。

3）中国探索实行耕地轮作休耕制度试点的国情、总体趋势

在摸清中国目前轮作休耕实践整体情况的基础上，对国家统一部署试点和地方自主试点两种类型的轮作休耕实践活动从规模和空间配置、组织方式、技术模式等方面进行分析和总结，以期获取对中国当前开展耕地轮作休耕实践全面的了解和清晰的认识。

4）总结和借鉴发达国家和中国台湾地区耕地轮作休耕制度经验

考察发达国家和中国台湾地区轮作休耕的耕地选择、区域布局、规模的确定，从轮作休耕的制度体系、项目的申请程序和要求、轮作休耕的补偿标准、激励机制、监督机制、风险防范机制等方面，总结发达国家和中国台湾地区轮作休耕制度的特色及经验教训，为建立和完善现代休耕制度体系提供依据。

1.5 研究思路及方法

1.5.1 研究思路

围绕中国实施耕地轮作休耕制度的现实基础、制度基础和国外经验借鉴三个方面展开研究。首先，从耕地数量与质量、粮食安全等现实需要层面，明晰实行轮作休耕制度的战略背景和现实基础；其次，对中国现行耕地利用与保护制度进行系统梳理，并对中国现行耕地利用与保护制度及耕地轮作休耕制度的关系进行探讨，以期明确中国实行耕地轮作休耕制度的逻辑起点和制度前提。最后，从国外（主要以美国、欧盟、日本等主要发达国家和组织为例）轮作休耕制度的施行现状和现实困境等方面着手，对国外轮作休耕制度的补偿机制、激励机制、监督机制、反馈机制、影响效果、风险防范机制，以及在轮作休耕土地上采取的工程、生物等技术措施进行系统总结，对比研究国内外实行耕地轮作休耕制度的背景基础，寻找中国实行耕地轮作休耕制度可资借鉴的制度建设经验和方案设计经

验，具体研究思路如图 1-2 所示。

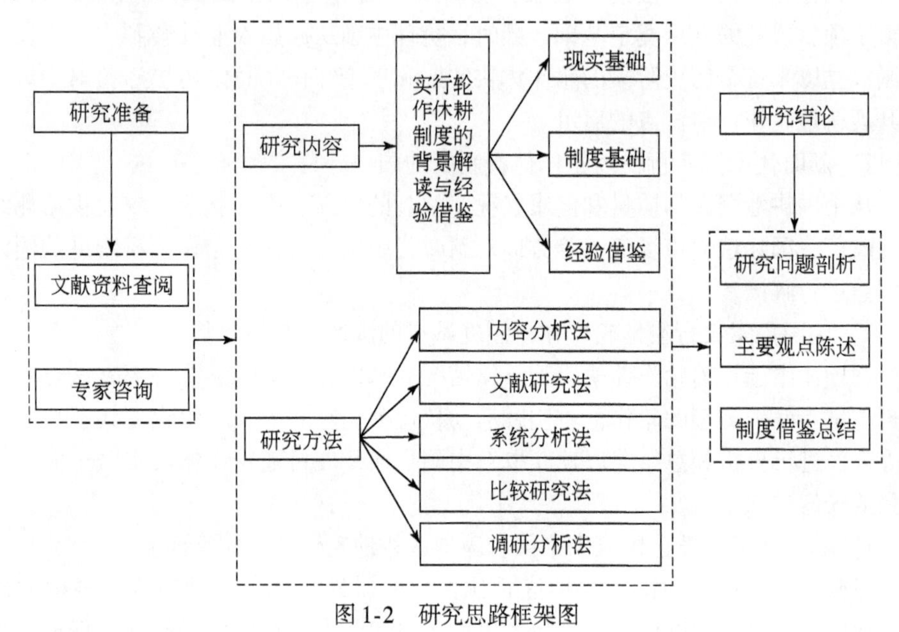

图 1-2　研究思路框架图

1.5.2　研究方法

1）内容分析法

针对中国现有耕地利用与保护制度的政策、文献进行系统梳理，从中提取耕地轮作休耕制度的相关信息，基于此对其信息内部特性进行审视与评估，以使耕地轮作休耕制度能更好地与现行耕地利用与保护制度相协调与衔接。

2）文献研究法

在充分借鉴前期相关研究成果的基础上，归纳总结国内外轮作休耕制度的实施方法、补偿机制、激励机制、监督机制等制度模式和制度保障机制以及各种程序规范与技术标准；对中国耕地保护制度变迁的内生原因与外生变量进行系统分析，分析轮作休耕制度实施的障碍与突破口，找出中国实施轮作休耕制度的现实基础、社会基础及可行经验。

3）系统分析法

轮作休耕制度是一个庞杂的系统，本书运用系统分析方法，主要探讨巨系统中的中国耕地资源禀赋状况及利用状况。

4）比较研究法

比较不同耕地保护制度的内涵和特征的差异，以及不同国家轮作休耕制度的施行现状差异，包括自然物质基础条件、人文环境条件、经济基础条件等方面差异，并从制度主体、客体、制度本身等视角剖析现实基础和制度基础。

5）调研分析法

基于全国的耕地资源环境状况，综合中国不同地区实施轮作休耕的技术、效果以及轮作休耕已有的制度，结合实地调研所获取的第一手资料进行深入研究，为构建中国特色的轮作休耕制度提出有针对性、可操作的政策建议。

参考文献

北京农业大学 . 1981. 耕作学 . 北京：农业出版社 .

博塞拉普 E. 2015. 农业增长的条件：人口压力下农业演变的经济学 . 罗煜，译 . 北京：法律出版社 .

曹敏建 . 2013. 耕作学 . 2 版 . 北京：中国农业出版社 .

陈展图，杨庆媛 . 2017. 中国耕地休耕制度基本框架构建 . 中国人口·资源与环境，27（12）：126-136.

揣小伟，黄贤金，钟太洋 . 2008. 休耕模式下我国耕地保有量初探 . 山东师范大学学报（自然科学版），(3)：99-102.

杜玉欢，焦玉国，薛达元 . 2013. 刀耕火种变迁蕴含的生态学原理 . 中央民族大学学报（自然科学版），2：79-83.

黄国勤，赵其国 . 2017. 轮作休耕问题探讨 . 生态环境学报，26（2）：357-362.

李建民，王宏富 . 2010. 农学概论 . 北京：中国农业大学出版社 .

李增宗，陈文聪，黄聪山 . 1997. 水旱田利用调整计划与稻田转作计划之比较 . 农政与农情，(56)：34-40.

刘巽浩 . 1994. 耕作学 . 北京：中国农业出版社 .

罗婷婷，邹学荣 . 2015. 撂荒、弃耕、退耕还林与休耕转换机制谋划 . 西部论坛，25（2）：40-46.

王宏广 . 2005. 中国耕作制度 70 年 . 北京：中国农业出版社 .

王建革 . 1997. 人口、生态与我国刀耕火种区的演变 . 农业考古，11：95-99，156.

王志强，黄国勤，赵其国 . 2017. 新常态下我国轮作休耕的内涵、意义及实施要点简析 . 土壤，49（4）：651-657.

吴次芳，谭永忠 . 2002. 制度缺陷与耕地保护 . 中国农村经济，(7)：69-73.

肖主安 . 2004. 欧盟环境政策与农业政策的协调措施 . 世界农业，(5)：12-13，17.

杨邦杰，汤怀志，郧文聚，等 . 2015. 分区分类科学休耕重塑京津冀水土利用新平衡 . 中国发展，15（6）：1-4.

杨庆媛 . 2017. 协同推进土地整治与耕地休养生息 . 中国土地，(5)：19-21.

张慧芳，吴宇哲，何良将 . 2013. 我国推行休耕制度的探讨 . 浙江农业学报，25（1）：166-170.

赵其国，滕应，黄国勤 . 2017. 中国探索实行耕地轮作休耕制度试点问题的战略思考 . 生态环境学报，26（1）：1-5.

赵雲泰，黄贤金，钟太洋，等 . 2011. 区域虚拟休耕规模与空间布局研究 . 水土保持通报，31（5）：103-107.

Groier M. 2000. The development，effects and prospects for agricultural environmental policy in Europe. Förderungsdienst，48（4）：37-40.

Yamazaki K，Sugiura S，Kawamura K. 2003. Ground beetles（Coleoptera：Carabidae）and other insect predators overwintering in arable and fallow fields in central Japan. Applied Entomology & Zoology，38（4）：449-459.

第2章 中国实行耕地轮作休耕制度的背景及宏观环境

2015年10月，习近平总书记在《关于〈中共中央关于制定国民经济和社会发展第十三个五年规划的建议〉的说明》中对中国探索实行耕地轮作休耕制度的背景进行了阐释："经过长期发展，我国耕地开发利用强度过大，一些地方地力严重透支，水土流失、地下水严重超采、土壤退化、面源污染加重已成为制约农业可持续发展的突出矛盾。当前，国内粮食库存增加较多，仓储补贴负担较重。同时，国际市场粮食价格走低，国内外市场粮价倒挂明显。利用现阶段国内外市场粮食供给宽裕的时机，在部分地区实行耕地轮作休耕，既有利于耕地休养生息和农业可持续发展，又有利于平衡粮食供求矛盾、稳定农民收入、减轻财政压力。"总的来看，中国实行耕地轮作休耕有其历史必然性和现实迫切性，既有中国内部因素的驱动，也有有利国际环境的带动。

2.1 部分耕地资源环境透支迫切需要对耕地实行休养生息

部分耕地资源环境的透支是实行轮作休耕的主要原因。人累了，得不到休息，工作效率就会下降，耕地也一样，长年累月的耕作，地力就会下降，甚至农田环境也出现恶化。在过去"以粮为纲"的农业发展导向和现在确保国家粮食安全的国策要求下，中国耕地长期超负荷利用，导致水土流失、地下水超采、面源污染等问题凸显，对耕地的可持续利用和农业的可持续发展造成了严重威胁(杨庆媛等，2018)。我国土壤环境状况不容乐观，部分地区土壤污染严重，耕地土壤环境质量堪忧。目前，中国受污染的耕地面积约有1.5亿亩，占耕地总面积的8.3%[①]，耕地退化面积占耕地总面积的40%以上，东北黑土层变薄、南方土壤酸化、华北平原耕作层变浅、土壤有机质含量下降等地力下降问题不仅严重影响着耕地的产出，对区域生态安全也构成了一定的威胁。

---

① 全国总耕地面积8.3%受污染，约有1.5亿亩.2016-11-22.［2018-05-06］. http://new.cnhnb.com/rdzx/detail/339968/.

2.1.1 地下水超采导致生态环境和农业水资源更加稀缺

据水利部门公报的数据，全国地下水超采区域300多个，面积达19万km^2，其中严重超采面积达7.2万km^2（崔烜和温阳东，2011）。据自然资源部的统计数据，地下水资源的长期过量开采，导致全国部分区域地下水位持续下降。2009年共监测全国地下水降落漏斗240个，其中浅层地下水降落漏斗115个，深层地下水降落漏斗125个。华北平原成为中国乃至世界上水资源短缺最为严峻的地区之一，且是中国的农业主产区之一（Chen et al.，2003；Gleeson et al.，2012）。华北平原因地表水资源匮乏，地下水一直是维系平原农业生产与发展的命脉，然而，由于对地下水的过度开采，河北、北京等地近30年来浅层地下水位普遍下降了20~40m，农业与水资源的矛盾非常尖锐（艾慧和郭得恩，2018）。20世纪70年代以来，平原地下水降落漏斗不断扩大和加深，形成了山前平原串珠状地下水降落漏斗和$5\times10^4km^2$的深层地下水复合漏斗（Gleeson et al.，2012）。

地下水超采会带来严重的地质隐患、生态环境破坏和威胁农业可持续发展等严重后果：一是地下水位大幅下降。例如，河北省有90多万眼机井，其中90%分布在农村，大部分都是超过100m的深井，有的机井深度甚至超过500m，而且有越来越深的倾向。二是地表严重沉陷。一般情况地表沉降20~40mm属于轻微程度，大于60mm就会引起地面沉降灾害，河北省多地地面下沉远超60mm。三是带来严重的生态危机。地下水超采形成的漏斗区通过地表的湿地环境来体现。距北京160km处的白洋淀水位近些年持续下降，多次处于干淀状态，漏斗区地表湿地的萎缩，除了自然气候的变迁之外，人为破坏是主要因素（艾慧和郭得恩，2018）。

华北平原已成为全世界最大的“地下水漏斗”和水环境脆弱的地区，治理地下水超采迫在眉睫。华北平原的主要农作物中，冬小麦生育期的降水量远远低于实际需水量，其灌溉用水占平原总灌溉水量的70%左右，被认为是地下水过度开采的主要原因（Li et al.，2005；Sun et al.，2010）。与之相比，玉米因生育期在夏、秋两季，降水较为集中，对地下水资源的需求相对较小（Sun et al.，2011）。鉴于此，在华北平原推行季节性休耕、适当退耕冬小麦，成为缓解平原水资源稀缺，改善区域地下水环境行之有效的途径（Xu et al.，2005）。

2.1.2 多种类型的土地退化威胁生态文明建设进程

土地退化在西南、西北生态脆弱区最为突出，其中西南地区主要体现为喀斯特地貌区的石漠化，西北地区主要体现为干旱半干旱地区的荒漠化。

（1）喀斯特石漠化发生在湿润的亚热带岩溶地区，人类不合理的社会经济行为，造成植被退化、土地生产力下降、水土流失严重、地表岩石大量裸露，形成类似荒漠的景观现象（Shen et al.，2013）。中国西南喀斯特岩溶山区以贵州为中心，包括贵州大部及广西、云南、四川、重庆、湖北、湖南等省（自治区、直辖市）的部分地区，面积达 $50\times10^4km^2$ 以上，是全球三大岩溶集中连片区中面积最大、岩溶发育最强烈的典型生态脆弱区。区域出露碳酸盐岩分布面积约为 $55\times10^4km^2$，其中，石漠化土地面积为 $12\times10^4km^2$，潜在石漠化土地面积为 $13.32\times10^4km^2$（方瑆和李仕蓉，2017），两者约占出露碳酸盐岩总面积的 46.04%。同时，该区也是中国绝对贫困人口相对集中的地区之一。由于喀斯特地貌特殊的环境条件，喀斯特地区的农业生态环境脆弱（国家林业局，2012），主要表现在：成土过程缓慢，土层浅薄且不连续，人地关系紧张；植物生长缓慢、群落结构简单，食物链易受干扰而中断，生态环境敏感度高、脆弱性强、稳定性低；季节性干旱频发；石漠化和水土流失严重；坡耕地比重大、机械作业难。“生态脆弱—贫困—掠夺式开发—环境退化—进一步贫困”使该区陷入恶性循环的“贫困陷阱”（苏维词和朱文孝，2000）。西南地区地处长江和珠江两大流域的上游，石漠化不利于两江上游生态屏障建设，并威胁到中下游地区的生态安全。

（2）半干旱地区也是中国典型的生态脆弱区（史月兰，2005），该类型地区以甘肃省最为典型，从 1980 年至今，甘肃省粮食总产量提高了 1.06 倍，单产提高了 1.14 倍，但是化肥投入量增加了 6.2 倍。崔增团（2013）指出，甘肃省耕地质量问题突出，具体表现在以下三个方面：第一，中低产田数量大、比例高，占总耕地面积的 70% 以上，土壤肥力水平整体偏低，82.5% 的耕地土壤有机质含量低于 20g/kg。由于长期对耕地保护不够，甚至是掠夺式经营、超负荷利用，导致耕地地力退化、耕性变差，质量逐年下降。第二，土壤退化严重，荒漠化面积占土地总面积的 9.15%。河西及沿黄灌区盐碱地面积约为 $32\times10^4hm^2$，占全省耕地总面积的 9.14%，土壤盐渍化造成土地生产能力下降。第三，占优补劣现象突出，补充耕地质量较低，普遍缺乏行之有效的后续培肥措施，致使新开耕地与被占用耕地质量存在较大差距。耕地休耕可以有效增加土壤的耕作层厚度和改善土壤理化性状，不仅有利于节约肥水资源，而且有助于实现持续抗旱增收。

2.1.3　土壤污染导致耕地产能毒化严重影响食物安全

长期以来，中国采取“高复种、高投入、高产出”的集约型农业生产模式，不合理地超量使用化肥、农药、土壤改良剂等化学制品，不仅大幅增加了农业生产成本，而且污染了农田。中国用全球8%的耕地生产了全球21%的粮食，但同时化肥消耗量占全球的35%①。中国农作物单位面积化肥施用量是美国的2.6倍、欧盟的2.5倍。2014年4月环境保护部、国土资源部联合发布的《全国土壤污染状况调查公报》显示，全国土壤总的超标率为16.1%，其中轻微、轻度、中度和重度污染点位比例分别为11.2%、2.3%、1.5%和1.1%；耕地土壤点位超标率为19.4%，其中轻微、轻度、中度和重度污染点位比例分别为13.7%、2.8%、1.8%和1.1%，主要污染物为镉、镍、铜、砷、汞、铅、滴滴涕和多环芳烃。

从污染分布情况看，南方土壤污染重于北方，长江三角洲、珠江三角洲、东北老工业基地等部分区域土壤污染问题较为突出，西南、中南地区土壤重金属超标范围较大。造成南方农田土壤污染变重的原因是多方面的，如工业废弃物的排放对南方农田生态系统造成的污染；城镇周围、村落旁边的农田，受到生活垃圾的污染；污水灌溉造成的农田污染；过施、滥施化肥、农药、除草剂等化学制品造成农田生态环境污染。由于农田生态环境污染严重，特别是土壤重金属污染，出现了“汞米”“镉米”“铅米”等“有毒大米”，有的城市郊区或工矿周围，出现“有毒蔬菜”，有的水体已出现“有毒鱼”，农产品质量安全面临严重威胁。实施耕地轮作休耕制度，将已经严重污染的农田进行轮作休耕，甚至弃耕、退耕，将是有效解决当前农产品质量安全问题的重要途径和有效手段。可见，实施轮作休耕制度迫在眉睫，势在必行。

2.2 农业供给侧结构性改革强力驱动耕地轮作休耕

“供给侧结构性改革”是习近平总书记在2015年11月召开的中央财经领导小组第十一次会议上提出的，是未来一段时期中国经济领域和社会领域改革的主线和方向。在推进宏观经济供给侧结构性改革的大背景下，推进中国农业供给侧结构性改革势在必行（张桃林，2015）。2015年12月，中央农村工作会议提出了农业供给侧结构性改革的主要方向和着力点（刘奇，2016；刘伟和蔡志洲，2016）。2016年中央一号文件提出“推进农业供给侧结构性改革”成为最大亮点之一，2017年中央一号文件则直接以“推进农业供给侧结构性改革”为题颁布实施。进入21世纪以来，中国在促进粮食生产、增加农民收入和推进农业现代化等方面均取得辉煌成就，然而，中国农业面临着较为突出的供给侧结构性问

① 肥越用越多 地越吃越馋——我国化肥使用量占全球三成凸显“肥”之烦恼. 2015-03-17. [2019-10-20]. http://www.gov.cn/xinwen/2015-03/17/content_2835486.htm.

题，农业供给侧结构性改革是中国实行轮作休耕的重要驱动力。

2.2.1　农业生产结构不优，产品供需结构失衡

当前，中国粮食品种结构不平衡的结构性矛盾非常突出。据 2017 年《在全国粮食流通工作会议上的报告》，玉米、稻谷阶段性过剩特征明显，小麦优质品种供给不足，大豆产需缺口巨大。过剩与不足并存问题的根源在于供给侧粗放，产能过度扩张。据国家统计局公布的数据，2015 年全国粮食总产量为 62 143.5×10^4t，中国的粮食产量实现了“十二连增”，堪称中国乃至世界粮食史的奇迹，但同时，粮食、油料、畜产品的进口数量也呈逐年递增趋势。同年，中国进口粮食 12 477×10^4t，同比增加了 24.2%，其中大豆的进口量最高，达到 8169×10^4t，同比增加了 14.4%（董玥等，2018）；大麦、高粱、木薯干等玉米替代品进口高达 3750×10^4t，进一步加剧了个别粮食品种国内市场供给结构性过剩矛盾。国内粮食生产一方面是“大路货”过剩，另一方面却是绿色、优质农产品不足。例如，中国小麦总产量超过 1000×10^8kg，但其中强筋小麦（面包小麦专用）不足 50×10^8kg，只能满足需求量的一半左右；弱筋小麦（饼干、糕点专用小麦）种植面积不足 10%；其余的大量是中筋小麦（面条、馒头、饺子专用），使得国产小麦价格走低。在国产小麦大量进入国家政策性库存的同时，高档糕点、饼干等行业却需要从国外进口小麦，出现“国货入库、洋货入市”的怪象。国产的早籼稻、杂交稻由于口感不佳、部分产区重金属污染等原因，库存积累、价格低迷，农民增产不增收，然而，一些大米如东北五常大米及从日本进口的知名品种大米却供不应求，价格高昂，甚至出现假冒现象。其他农产品如棉花、蔬果、肉类等也有类似的进口货受追捧、国产货受冷遇的情况。

根据居民饮食结构升级、人口城镇化率提高、畜牧水产业消耗饲料增长、粮食工业转化等因素进行估算（不考虑大豆因素），近 10 年来中国粮食需求量增长 19%，而同一时期中国粮食产量增长 25%，产量增速比需求量增速高出 6 个百分点，产大于需数量从 100×10^8kg 扩大到 450×10^8kg，过剩的粮食加大库存，使得国内粮食库销比由 10 年前的 45% 左右，提高到目前的 100% 以上（兰明昊，2017）。农业生产结构不合理、高成本、高库存、高进口成为中国农业的总体特征（国家统计局重庆调查总队课题组，2015）。其原因既与中国经济社会发展所处阶段特别是农业发展所处的阶段性有关，也与农业政策没有适应发展阶段变化做出及时调整有关。前期以产量为主要导向的农业政策有力地促进了粮食产量的快速增加，满足了温饱阶段“量”的需求。但在总量不足问题解决后，粮食实际产量与市场条件下的正常需求量存在着较大背离。2016 年以来，农产品价格

形成机制和收储制度改革逐步推开，这一状况得到逐步改善，但政策效果的充分显现还有待时间。中国主要农产品生产成本和价格的持续上涨，也给农产品调控带来新的挑战。

2.2.2 农业生产成本上涨，国内外粮价倒挂

受劳动力、土地租金、化肥农药等生产资料价格快速上涨的推动，近年来中国农产品生产成本持续上涨，一方面挤压了农民的种植收益，影响农民生产积极性；另一方面削弱了中国农业国际竞争力，使之难以融入世界市场。2014 年中国稻谷、小麦、玉米、棉花、大豆每吨生产成本比美国分别高出 39%、14.8%、112%、35.6%和 103.3%（祝卫东，2016）。由于这些大宗农产品生产成本普遍高于国外，加上政府托市政策、海运费用下降和关税保护门槛偏低等因素的叠加，中国已成为国际农产品的“价格高地”，部分农产品价格甚至远高于配额内的进口到岸价格，产品缺乏竞争力。例如，据 2016 年国家粮食局局长任正晓《在全国粮食流通工作会议上的报告》，2015 年底小麦、大米、玉米三大谷物国内外价差每吨分别为 771 元、745 元、790 元，导致出现“洋货入市、国货入库”的尴尬现象。要解决这个问题，必须进行供给侧结构性改革，提升农产品质量，促进农业转型升级，提升中国农业竞争力。

2.2.3 短期结构性过剩与长期总体不足并存

当前中国粮食过剩（长期来看，中国粮食供给仍有隐忧）是短期因素集中作用的结果。从生产角度来看，近 10 年中国粮食主产区没有集中出现大规模严重的自然灾害，这是粮食产量连续增加的重要因素。从需求角度来看，近几年粮食工业没有大的发展，特别是国际石油价格整体处于较低水平，使得使用粮食来生产加工生物燃料获利微薄甚至无利可图，此外，养殖转型和生态环保要求的提高等也降低了对饲料需求。总的来看，短期内中国的粮食安全是有保障的，但由于农业资源禀赋、水利基础设施、农业科技、经营规模等综合生产能力的长期性因素没有发生实质性改变，未来中国进入人口高峰期时粮食的安全供给仍有一定难度。

推进农业供给侧结构性改革，是破解中国农业发展难题、促进农业持续稳定发展、加快农业现代化的必然要求（张海鹏，2016），是当前和今后一个时期农业农村工作的一项重要任务（吴海峰，2016）。中国当前的农业供给侧结构性矛盾主要是农产品供求结构失衡、土地资源过度利用、农业生产成本抬升等，制约

了中国农业可持续发展和农业竞争力的提升。实行耕地轮作休耕是中国面对粮食结构、土地利用和国内外粮食市场的新变化而做出的一项新的制度安排，其重要性不仅仅局限于耕地利用与保护本身，还涉及农业生产力和生产关系的重大调整，是农业供给侧结构性改革的重要内容。供给侧结构性改革语境下的农业结构调整包括农业经营结构和农业生产结构调整两方面内容，而推行轮作休耕制度是实现农业产业结构调整的重要着力点，两者之间存在内在联系（李学林和董晓波，2017）。基于此，耕地轮作休耕是推进农业供给侧结构性改革的重要途径之一（黄国勤和赵其国，2017），其功能主要表现在（陈展图和杨庆媛，2017）：①调整优化农业结构，形成新的供需平衡。例如，推广种植高产、优质、高效品种面积，增加市场紧缺型农产品生产；将部分种植玉米的耕地进行轮作休耕，调减“镰刀弯”地区玉米种植面积，减少其生产规模，对于短缺的粮食品种（如杂粮、大豆），应鼓励扩大种植面积，稳步提升自给率，形成新的供需平衡。②提升产品品质，创造新的竞争优势。通过轮作休耕，让受到污染的耕地暂时退出生产领域而进行积极“治疗”，就可以防止受污染的农产品进入市场，保障农产品品质。且同一块土地上连续种植单一作物会产生连作障碍，降低农产品品质，轮作不同作物能有效改善耕地质量，生产出更好的农产品。③加强基础建设，弥补土地本底短板。例如，把轮作休耕耕地优先纳入高标准农田建设范围，加大对轮作休耕耕地的保护和改造，建成生态良好、设施完善、耕作方便的高标准农田。在休耕的同时进行土地综合整治，加强基础设施建设，补齐农业基础设施建设不足的短板。

2.3　粮食安全面临量与质的双重挑战需要藏粮于地应对

一方面，中国粮食综合生产能力得到了极大提升，近几年粮食产量稳定在6×10^8t 以上，粮食安全是有保障的；另一方面，中国是世界第一人口大国，且即将进入人口高峰期，粮食需求量进一步增加，同时还面临着耕地非农化、非粮化的巨大压力，粮食安全风险和粮食质量问题将长期存在。

2.3.1　粮食综合生产能力持续上升，粮食仓储压力大

民以食为天，食以粮为先，粮食安全始终是国际社会广泛关注的焦点、热点话题之一。古人常讲“洪范八政，食为政首”，《尚书 · 洪范》载：“八政：一曰食，二曰货，三曰祀，四曰司空，五曰司徒，六曰司寇，七曰宾，八曰

师。”——粮食安全为执政之首，“劝课农桑”是历朝历代的执政要务。习近平总书记把保障粮食安全作为执政的永恒课题，强调“中国人的饭碗任何时候都要牢牢端在自己手上”①，并指出“粮食生产根本在耕地，命脉在水利，出路在科技，动力在政策”②。党中央、国务院及各级政府历来十分重视粮食生产问题，并实施了一系列保护和鼓励粮食生产的政策，成效显著。国家统计局数据显示，在农业科技进步和惠农政策作用下，2004～2015 年，中国粮食生产实现“十二连增”，2015 年全国粮食总产量达 62 143.5×10^4t。2016 年，由于播种面积减少和单产下降的原因，全国粮食总产量为 61 623.9×10^4t③，结束了中国粮食产量连年增长的局面，但仍算是丰收年，其中，全国粮食播种面积 1.13×$10^8$$hm^2$，比上年减少 31.5×$10^4$ hm^2，减少了 0.3%；全国粮食单位面积产量为 5452.1kg/hm^2，比 2015 年减少 30.7kg/hm^2，减少了 0.6%。但 2017 年中国粮食总产量比 2016 年增加 166×10^4 万 t，达 61 791 万 t，增长 0.3%。

与此同时，中国粮食库存量、进口量节节攀升，呈现出总产、库存、进口“三量齐增”的新现象。1990 年以来，中国粮食库存消费比远远超过联合国粮食及农业组织推荐的 17%～18% 的底线标准（廖西元等，2011），即使考虑到中国人多地少的国情，多数研究认为库存消费比在 25% 左右就基本可以满足需要（刘笑然，2015），但中国粮食库存高，其中玉米库存数量占总库存量的 50.3%（廖西元等，2011）。根据“每日粮油”公众号的数据，近年来，国家政策性粮食收购数量庞大，导致粮食库存规模庞大，从小麦到玉米、稻谷，甚至大豆和食用油，均面临着去库存的压力。中国工程院院士任继周、中国农业大学农民问题研究所所长朱启臻都认为，粮食储量超过安全系数就会转化成负担和压力，特别是粮食主产区仓库爆满，库存积压，不仅会导致粮食霉变陈化，品质下降，还会增加仓储费用。国家每年对库存粮食给予数额巨大的利息费用补贴，不仅给银行带来巨大信贷风险，也加重了国家财政负担，在消耗大量财政补贴的同时，也对粮食“调得动、用得上”带来了极大的考验。

---

① 人民日报评论员：中国人的饭碗要端在自己手上——三论始终把“三农”工作牢牢抓住紧紧抓好. 2014-01-07.［2017-06-05］. http://cpc.people.com.cn/pinglun/n/2014/0107/c78779-24040865.html.

② 习近平在河南考察时强调：深化改革发挥优势创新思路统筹兼顾确保经济持续健康发展社会和谐稳定. 2014-05-11.［2017-06-05］. http://cpc.people.com.cn/n/2014/0511/c64094-25001070.html.

③ 2016 年中国粮食总产量比 2015 年减少，主要是主动优化种植结构和区域布局结构的结果。但总的来说，中国粮食综合生产能力已得到极大提升并趋于稳定。

2.3.2　耕地数量减少和质量下降的长期影响，食物安全问题不容忽视

2018 年 3 月 22 日，联合国粮食及农业组织、联合国世界粮食计划署与欧盟联合发布的《全球粮食危机报告》显示，2017 年全球共有 51 个国家约 1.24 亿人受到急性粮食不安全的影响，较 2016 年多出 1100 万人。粮食不仅仅是人民群众最基本的生活资料，更是关系国计民生和国家经济安全的重要战略物资，粮食安全与社会的和谐、政治的稳定、经济的持续发展息息相关。中国作为一个人口大国，粮食消耗巨大，但耕地资源却十分有限，粮食安全成为关乎国计民生和社会稳定的首要问题。尽管中国实行了严格的耕地保护制度，但中国耕地数量总体上仍呈现不断下降的趋势。《2017 年中国土地矿产海洋资源统计公报》数据显示，截至 2016 年末，全国耕地面积为 13 492.1×10^4hm^2，全国因建设占用、灾毁、生态退耕、农业结构调整等减少耕地面积 34.5×10^4hm^2，通过土地整治、农业结构调整等增加耕地面积 26.81×10^4hm^2，年内净减少耕地面积 7.69×10^4hm^2。相对于日益减少的耕地数量，人口数量却在逐年增加，严峻的人地关系是威胁中国耕地安全与粮食安全的巨大隐患。研究发现，粮食产量的减少与耕地数量的减少紧密相关，而且变化趋势基本一致，二者的相关系数高达 0.9993（耿玉环等，2007），可以说耕地数量减少是粮食产量减少的主要原因。

耕地是粮食生产的基础，耕地红线是粮食安全的底线，守住耕地红线，就是守住了粮食安全的底线。2015 年，习近平总书记对耕地保护工作作出重要指示，他强调：“耕地是我国最为宝贵的资源。我国人多地少的基本国情，决定了我们必须把关系十几亿人吃饭大事的耕地保护好，绝不能有闪失。要实行最严格的耕地保护制度，依法依规做好耕地占补平衡，规范有序推进农村土地流转，像保护大熊猫一样保护耕地”①。《中共中央关于制定国民经济和社会发展第十三个五年规划的建议》强调：“坚持最严格的耕地保护制度，坚守耕地红线，实施藏粮于地、藏粮于技战略，提高粮食产能，确保谷物基本自给、口粮绝对安全”。据国土资源部门测算，耕地提供了人类 88% 的食物及其他生活必需品；95% 以上的肉、蛋、奶由耕地提供的产品转化而来；耕地直接或间接为农民提供了 40% ~ 60% 的经济收入和 60% ~80% 的生活必需品。坚守耕地红线，就是守护老百姓的饭碗，保护 14 亿人的口粮。中国耕地总面积虽然居世界第三位，但人均耕地面

---

① 特别关注：习近平为何说耕地这件事“绝不能有闪失”？2015-05-27. [2016-06-08]. http://theory.people.com.cn/n/2015/0527/c40555-27063237.html.

积远低于世界平均水平，耕地质量不高、污染损毁严重成为耕地保护面临的重要挑战。《中国耕地质量等级调查与评定》结果显示，全国耕地由高到低分为15个等别，平均耕地等别为9.80等，其中57%以上的耕地等别低于全国平均数值。中国耕地的数量和质量均面临严峻的风险，必须严防死守18亿亩耕地红线。

目前中国大部分地区粮食生产一年两熟，南方多地一年三熟，土地长期处于高负荷运转，土壤得不到休养生息，影响了粮食持续稳产高产（冯华，2016），且中国耕地质量的逐渐下降也为中国耕地保护敲响了警钟，亟须转变中国粮食安全保障措施。与此同时，国际粮价持续走低，国内粮价居高不下，粮食收购财政压力增大。而藏粮于地则适时调节了这一问题，在粮食供过于求时，采取轮作休耕的方式减少部分粮食产量，粮食紧缺时又将这些土地迅速用于粮食生产，以调控和维持粮食供求的大体平衡。实行耕地休耕，虽然不生产粮食，但粮食生产能力得以保持，并且休耕后还可提高地力，实际上就等于把粮食生产能力储存在土地中。现阶段中国粮食库存充裕，减少播种面积虽然会在短期内导致粮食总产量下降，但对粮食总供给的影响可控。藏粮于地是比藏粮于库更积极、更长远、更主动的做法，它是中国粮食安全和农业健康发展长效机制的重要组成部分。耕地数量减少，要维持粮食安全红线就得靠提高单产，而单产的提高一是靠提高复种指数，二是靠提高耕地质量，但提高复种指数是对耕地资源的掠夺式消耗，长此以往必然导致土壤肥力下降，耕地环境恶化，最终损害耕地产能。因此，提高粮食单产应主要依靠提升耕地质量来实现。

轮作休耕是提升耕地质量的基本途径之一，轮作有恢复地力的功能；休耕虽然减少了播种面积，但具有提高单产、提升粮食品质的双重功能，特别是对提高粮食的有机性有着十分重要的价值。中国农业科学院农业经济与发展研究所教授秦富指出，科学推进耕地休耕顺应自然规律，可以实现藏粮于地，也是践行绿色发展、可持续发展理念的重要举措，对推进农业结构调整具有重要意义①。正如《试点方案》中所指出的，“在部分地区探索实行耕地轮作休耕制度试点”，“既有利于耕地休养生息和农业可持续发展，又有利于平衡粮食供求矛盾，稳定农民收入，减轻财政压力”（郑兆山，2002；刘红，2015）。轮作休耕制度的实施将对促进农业可持续发展以及传统农业向现代农业转变，建设环境资源节约、环境友好型社会具有重要促进作用。

① 耕地轮作休耕如何试点推进. 2015-11-27. [2016-06-08]. http://theory.people.com.cn/n/2015/1127/c49154-27862136.html.

2.4　国际粮食市场较为稳健，为中国实行耕地轮作休耕制度提供了有利条件

近期国际粮食市场较为稳健，中国实现轮作休耕的窗口期已经打开。联合国粮食及农业组织2014年2月5日发布的《谷物供求简报》将2014年世界谷物产量估值提高至25.32×10^8t，较2013年增长700×10^4t；美国农业部统计数据显示，2014年全球小麦收成创下历史纪录，全球大米产量接近2012年的纪录。由于增产稳产，巴西和尼日利亚等国从美国购买小麦的需求减少，达到近20年来最低值。受市场供应稳健影响，国际粮价从2014年初开始一路下滑，全球谷物供需变化致使国际粮价跌至10年来最低。联合国粮食及农业组织数据显示，2015年全球粮食价格连续4年下跌，创下7年最大跌幅①。国际粮价下跌，加上近年来美国货币贬值，人民币升值，降低了粮食进口成本，有利于中国从国际粮食市场购买粮食，增加粮食仓储量。2015年以前国际粮价持续走低，而国内粮价仍然居高，为中国轮作休耕试点的开展提供了契机。

根据艾格农业对世界粮食价格与生产的监测②，“2016/17年度，全球粮食播种面积7.71亿hm^2，同上年相比下降0.46%，产量为29.40亿t，较上年增长4.93%”，较为明显的产量增长带来了粮食价格下滑；“2017/18年度，全球粮食播种面积7.727亿hm^2，同上年上涨0.10%，产量为29.14亿t，较上年下降0.84%，粮食价格回落影响了农户积极性带来单产下滑”，当前粮食价格偏低，在一定程度上影响了农户种粮的积极性，“2018/19年度全球粮食播种面积7.72亿hm^2，较上年下降0.66%”。播种面积减少之后的粮食提价措施，可能刺激农户种粮积极性，使粮食产量有所回升。按照过去5年世界主要国家生产发展趋势预测，全球谷物产量增长无法弥补人口增长对粮食消费需求的增长，会带来全球粮食安全系数的下降，后期将出现价格回升来刺激生产回升。从国际粮价波动趋势来看，国际粮价走低只是暂时现象，粮价持续走低之后，会刺激各国调整粮食价格和产量，使粮价回升到一定水平。因此，中国必须抓住现阶段粮价走低的有利时机收购国际粮食，增加仓储量，确保休耕期间的粮食安全，但同时也要做好应对之策，避免收购粮食过多而产生财政仓储压力和粮食陈化问题。

当前，国际市场粮食供应量充足，加上国内粮食仓储量大，为中国开展耕地

---

① 全球粮价创7年来最大跌幅 已连续第4年下跌.2016-01-11.［2019-12-30］. http://www.grainnet.cn/news/detail-20160111-80020.html.

② 全球粮食的生产与供求发展趋势.2018-02-07.［2018-10-28］. https://www.sohu.com/a/221456257_498750.

轮作休耕创造了有利条件，但长远来看，收购粮食并非维系国家粮食安全的可行之举。2015 年，中国粮食进口约 1.2×10^8 t，其中大豆约 8000×10^4 t，谷物约 3000×10^4 t，接近中国自身生产量的 1/5。大量进口粮食的部分原因是因为粮食的结构性问题，从国外进口可以弥补部分粮食数量和质量上的缺口，如大豆和面粉；更重要的原因是价格性竞争，由于国外生产技术水平高，机械化程度高，规模大，粮食单产和质量都优于中国，且其他国家粮食进口量减少和美元贬值，国际粮价持续走低。而中国农业多为小农生产，成本高，粮食价格偏高，比较而言，进口粮食成本更合算。但也要清醒地认识到，由于国际市场存在很大的不确定性和风险性，中国粮食需求量不能过分依赖国际市场，以国内生产为主、适度进口的粮食安全战略不能更改，国际粮食市场的宽松只是为中国休耕提供了一个有利的外部条件，中国人的饭碗还必须牢牢端在中国人自己手里①，并通过提高自身粮食的竞争力，降低粮食生产成本，推广农业新技术，提升土地产能，通过藏粮于地、藏粮于技等策略来实现此目标。2016 年 6 月《试点方案》正式实施，但在这之前，已有不少地方为恢复土地生产力，提升耕地质量，展开了轮作休耕的积极尝试。例如，河北省自 2014 年 11 月开始调整种植结构，连续三年，由一年两季小麦改为不种冬小麦或种植耗水量较少的作物（如玉米等），以此来缓解地下水超采趋势，稳定地下水量，三年后使土地生产力得到恢复，作物产量得到提升。抓住近年国际粮价持续走低的契机，开展轮作休耕工作，提升耕地产能，提高耕地产量，是确保中国粮食长期稳定和安全的根本举措。

2.5 “高质量发展、高品质生活”发展阶段对休耕制度建立和实施提出新要求

目前中国的轮作休耕制度正处于试点阶段，预计将在“十四五”时期进入全面实施阶段，党的十九届五中全会通过的《中共中央关于制定国民经济和社会发展第十四个五年规划和二〇三五年远景目标的建议》指出，“十四五”时期经济发展必须“破除制约高质量发展、高品质生活的体制机制障碍”。只有高质量的耕地才能生产出高质量的农产品，有了高质量的农业产品供应才能提升人民群众的生活品质，才能从根本上破解农产品价格“天花板”、成本“地板”以及资源环境的约束，形成新的竞争优势。因此，耕地资源作为农业农村发展最基础、最重要的资源，亦应进行改造、提升其质量。随着中国进入新时代，社会主要矛

① 中央强调，中国水稻、小麦、玉米三大主粮自给率保持在95%以上，其中水稻、小麦两大口粮保持 100% 自给。中国强调粮食自给，与日本近 20 年来粮食自给率维持在 40% 左右仍实行休耕有显著不同。

盾已经转化为人民日益增长的美好生活需要和不平衡不充分的发展之间的矛盾，同样，农业发展也面临着前所未有的土壤污染、耕地退化、地力下降等与人民对绿色农产品及高品质生活需求之间的矛盾（张桃林，2015）。近年来，关于“毒地”、重金属污染土地的报道屡见于报端，在这些土地上生产出来的农产品未经检验、检测就流入市场，引发群众对食品安全的担忧。2016 年 5 月 28 日国务院印发的《土壤污染防治行动计划》要求，“到 2020 年，受污染耕地安全利用率达到 90% 左右，污染地块安全利用率达到 90% 以上。到 2030 年，受污染耕地安全利用率达到 95% 以上，污染地块安全利用率达到 95% 以上”，“到 2020 年，轻度和中度污染耕地实现安全利用的面积达到 4000 万亩”。虽然中国已经开展了大量的土壤修复治理研究和试点工作，但距离农业绿色发展、高质量发展的目标还有较大差距。因此，在这样的宏观背景下建立并实施轮作休耕制度正当其时，通过轮作休耕，让污染严重的耕地暂时退出生产领域，截断受污染耕地所产出农产品进入市场的渠道，从耕地端，即源头提高我国农产品生产的质量安全门槛。同时，在轮作休耕过程中，采取必要的生物、化学等措施，对受污染土地进行排毒去污，恢复其健康生产功能，提升耕地产能和绿色可持续发展，为实现“高质量发展、高品质生活”保驾护航。

2.6　新科技革命的到来为中国实行耕地休耕提供良好的环境和机遇

以 5G 网络、物联网、人工智能等为代表的世界新科技革命将对社会经济、生态环境产生巨大影响。2019 年阿里巴巴、京东、百度、腾讯以及华为等互联网大企业纷纷进入农业领域，意味着互联网+农业、农业物联网、智慧农业、互联网农场等新业态全面登场，将改变传统农作模式。农业科技提升后，可利用耕地面积和粮食产量也将随之大幅度提高。例如，袁隆平团队研制出的超级稻和海水稻（也称耐盐碱水稻，一种可以在盐碱地生长的水稻，具有耐盐碱、抗涝、抗病虫害、抗倒伏等特点），通过海水稻种植，化滩涂为良田，让寸草不生的盐碱地变成肥田沃土，相当于增加了耕地面积。中国的盐碱地有将近 $1\times10^8\,hm^2$，而全球盐碱地更是高达 $9.5\times10^8\,hm^2$。倘若能在 1 亿亩盐碱地上推广海水稻，按最低亩产 300kg 计算，每年就可以增长 $300\times10^8\,kg$ 稻谷，相当于湖南省一年的粮食产量①，这样可以让大量优质耕地得以休养生息。重庆交通大学团队经过 7 年的

① 我国今年首次大范围试种海水稻 数亿亩盐碱地有望成粮仓. 2018-04-08. [2018-09-10]. http://www.xinhuanet.com/fortune/2018-04/08c_1122648684.htm.

反复试验，研发出一种可以让沙漠变成土壤的黏合剂，可将有条件的沙漠改造成为耕地，实现沙漠“土壤化”，点沙成土，在内蒙古乌兰布和生态沙产业示范区成功地将试验地变成了绿洲（易志坚，2016；操秀英和刘垠，2017）。挪威初创公司“控制沙漠”（Desert Control）项目发明出液态纳米黏土，能够让沙漠在7h变成耕地。因农业科技而实现的耕地面积增加和粮食产量的提高，可为中国调增休耕规模和休耕时长提供技术保障。

参考文献

艾慧，郭得恩．2018. 地下水超采威胁华北平原．生态经济，34（8）：10-13.

操秀英，刘垠．2017-12-10. “沙漠变良田”，伪科学还是大突破．科技日报，(1).

陈展图，杨庆媛．2017. 中国耕地休耕制度基本框架构建．中国人口・资源与环境，27（12）：126-136.

崔烜，温阳东．2011-11-04. 被抽空的华北平原．http://www. time-weekly. com/post/14727.

崔增团．2013. 提升耕地质量 促进农业可持续发展．发展，(10)：25.

董玥，武明宇，孙大为，等．2018. 供给侧结构性改革下农作制度的发展方向．农业经济，(7)：35-36.

方嬰，李仕蓉．2017. 西南喀斯特石漠化治理研究进展．江苏农业科学，45（20）：10-16.

冯华．2016-07-05. 藏粮于地，让农田休养生息．人民日报，(5).

耿玉环，张建军，田明中．2007. 论我国耕地保护与粮食安全．资源开发与市场，（10）：906-909.

国家林业局．2012-06-18. 中国石漠化状况公报．中国绿色时报，(3).

国家统计局重庆调查总队课题组．2015. 我国粮食供求及“十三五”时期趋势预测．调研世界，(3)：3-6.

何昌垂．2013. 粮食安全：世纪挑战与应付．北京：社会科学文献出版社．

环境保护部，国土资源部．2014. 全国土壤污染状况调查公报．中国环保产业，36（5）：1689-1692.

黄国勤，赵其国．2017. 轮作休耕问题探讨．生态环境学报，26（2）：357-362.

兰明昊．2017. 从储粮安全问题看农业供给侧结构性改革的着力点——建议以玉米为重点实施整建制规模化休耕．价格理论与实践，(6)：27-29.

李慧．2013-5-26. 农田污染如何解？光明日报，(2).

李慧．2014-11-06. 不能让“红线”里的18亿亩耕地丧失质量．光明日报，(10).

李慧．2016-07-05. 科学制定休耕补贴政策/轮作休耕制度具有重要意义．中华合作时报，(A4).

李学林，董晓波．2017. 做好农业供给侧结构性改革这篇大文章．社会主义论坛，(4)：11.

廖西元，李凤博，徐春春，等．2011. 粮食安全的国家战略．农业经济问题，32（4）：9-16，110.

刘红．2015. 我国粮食进口与粮食安全问题研究．价格月刊，(2)：54-57.

刘奇．2016. 农业供给侧结构性改革需要关注的几个问题．中国发展观察，(10)：37-39.

刘伟，蔡志洲 . 2016. 经济增长新常态与供给侧结构性改革 . 求是学刊，43（1）. 56-65.
刘笑然 . 2015. 去除粮食高库存是当务之急 . 中国粮食经济，（9）：24-28.
史月兰 . 2005. 西南喀斯特地区农业发展模式的选择 . 农业经济，（7）：6-8.
苏维词，朱文孝 . 2000. 贵州喀斯特生态脆弱区农业可持续发展的内涵与构想 . 经济地理，（5）：75-79.
吴海峰 . 2016. 推进农业供给侧结构性改革的思考 . 中州学刊，（5）：38-42.
杨庆媛，陈展图，信桂新，等 . 2018. 中国耕作制度的历史演变及当前轮作休耕制度的思考 . 西部论坛，28（2）：1-8.
杨应奇 . 2016-03-29. 让透支的耕地喘口气 . 中国国土资源报，（3）.
易志坚 . 2016. 沙漠“土壤化”生态恢复理论与实践 . 重庆交通大学学报（自然科学版），35（S1）：27-32.
张海鹏 . 2016. 我国农业发展中的供给侧结构性改革 . 政治经济学评论，7（2）：221-224.
张桃林 . 2015. 加强土壤和产地环境管理促进农业可持续发展 . 中国科学院院刊，30（4）：435-444.
张桃林，王兴祥 . 2019. 推进土壤污染防控与修复厚植农业高质量发展根基 . 土壤学报，56（02）：251-258.
郑兆山 . 2002. 建立我国土地休耕制度的必要性及其保障措施 . 中国农业银行武汉培训学院学报，（1）：77-79.
祝卫东 . 2016. 关于推进农业供给侧结构性改革的几个问题 . 行政管理改革，（7）：57-62.
Chen J Y，Tang C Y，Shen Y J，et al. 2003. Use of water balance calculation and tritium to examine the dropdown of groundwater table in the piedmont of the North China Plain（NCP）. Environmental Geology，44（5）：564-571.
Gleeson T，Wada Y，Bierkens M F P，et al. 2012. Water balance of global aquifers revealed by groundwater footprint. Nature，488（7410）：197-200.
Li J M，Inanaga S，Li Z H，et al. 2005. Optimizing irrigation scheduling for winter wheat in the North China Plain. Agricultural Water Management，76（1）：8-23.
Shen Y J，Zhang Y C，Scanlon B R，et al. 2013. Energy/water budgets and productivity of the typical croplands irrigated with groundwater and surface water in the North China Plain. Agricultural and Forest Meteorology，181：133-134.
Sun H Y，Shen Y J，Yu Q，et al. 2010. Effect of precipitation change on water balance and WUE of the winter wheat-summer maize rotation in the North China Plain. Agricultural Water Management，97（8）：1139-1145.
Sun Q P，Kröbel R，Müller T，et al. 2011. Optimization of yield and water- use of different cropping systems for sustainable groundwater use in North China Plain. Agricultural Water Management，98（5）：808-814.
Xu Y Q，Mo X G，Cai Y L，et al. 2005. Analysis on groundwater table drawdown by land use and the quest for sustainable water use in the Hebei Plain in China. Agricultural Water Management，75（1）：38-53.

第3章　中国耕地轮作休耕的历史沿革与启示[①]

中国是世界上历史悠久的农业大国，创造了灿烂辉煌的农耕文明，形成和积累了丰富的种地养地措施和经验（王宏广，2005）。农耕制度是维系中国农业社会发展的核心制度，每个社会阶段都有显著的耕作制度作为社会发展的标志性事物。中国古代先民在漫长的农业耕作活动中累积了丰富的农耕思想和知识，为当下实行轮作休耕制度提供了重要参考。大体来讲，从原始社会、奴隶社会、封建社会到中华人民共和国成立以来，中国相应地发展了撂荒耕作制、休闲（轮荒）耕作制、连作制、轮作复种制、连作-轮作复种制等耕作制度。

3.1　原始社会：撂荒耕作制

撂荒耕作源自原始农业，是中国农耕历史上出现最早的、最为粗放的农作制度。原始农业出现于距今1万年左右的时期，终结于新石器时代晚期（大约在夏朝），经历了4000～8000年的时间，向自然攫取是这一阶段农业的主要特征，木石农具、刀耕火种占据重要地位。这一阶段的农业由迁徙不定的生荒耕作逐渐发展到相对定居的熟荒耕作。当一个地区可耕土地都轮换耕作过后，短时期内地力不能恢复，人们便举族迁徙，到其他地方重新开垦农田（郭文韬，2001）。这种耕作制也称抛荒制或称游耕制，是一种掠夺性的农业经营方式（阎万英，1994）。这种耕作模式撂荒周期长，一般为二三十年甚至更长，且土地利用率低下，人工养地能力弱。虽然通过撂荒轮作，大片荒地得以开垦，满足了人类的粮食需求，耕地地力经过多年的弃耕也能得到了恢复，但同时这种耕作制度也对地表植被造成了威胁，尤其是森林生态系统遭到严重破坏，在湿润坡地区易引起水土流失等生态环境问题。

---

① 本章内容已作为课题研究阶段性成果《中国耕作制度的历史演变及当前轮作休耕制度的思考》的主要内容发表在《西部论坛》2018年第2期。

3.2　奴隶社会：休闲（轮荒）耕作制

公元前 21 世纪～公元前 475 年（夏、商、西周、东周的春秋时期，又称青铜时代），中国处于奴隶社会时期，以黄河流域为经济中心，以沟洫农业为标志，休闲（轮荒）耕作制替代了撂荒耕作制。

黄河流域降雨集中，河流经常泛滥，加之平原坡降小，排水不畅，导致农田内涝盐碱相当严重。因此，发展低地农业首先要排水洗碱，农田沟洫应运而生，即从田间的排水小沟——畎开始，按照遂、沟、洫、浍的顺序，逐级由窄而宽，由浅而深，最后汇集于河川，其作用在于防洪排涝（李根蟠，1986）。相较于原始社会的撂荒耕作制，沟洫农业是一个进步，这也是休闲（轮荒）耕作制代替撂荒耕作制的原因。此时，农业生产工具大为改进，商周时期农业生产进入耜耕和锄耕阶段，春秋时期开始使用铁具和牛耕，开始在耕种土地和撂荒地之间有计划地定期轮换。这一时期的耕作制度可进一步细分为周朝的"菑—新—畬"三年一循环和春秋时期的田莱制或易田制两个阶段。

周王朝在政治上推行分封制，经济上实行井田制。虽然可耕作土地面积较大，但由于尚未采取人工施肥等措施，耕地种植后肥力减弱，必须经过两年或三年的休闲才能再进行耕种。我国关于休耕的最早记录是《诗经 · 尔雅 · 释地》中的"田一岁曰菑，二岁曰新田，三岁曰畬"，其中，"菑"是指休耕的土地，"新田"是指休耕后第一年耕种的土地，而"畬"是指第二年耕种的土地（李世平，2009）。也就是说，周朝的土地是第一年进行休耕，然后连续耕作两年，依次循环。当然，对"菑、新、畬"还有其他的理解，但都包含连续耕作和休耕（或曰撂荒）的内容①。休耕时长则根据村社土地的多寡来确定，村社土地越多，可开垦的荒地就越多，休耕的时间也就越长。

而后，随着周王室衰微，井田制被破坏，私田出现并不断扩大（周帮扬和徐韬韡，2013），伴随生产工具的进步，加之施肥、灌溉、除草、治虫等农业技术的日渐成熟，以田莱制和易田制为代表的轮荒农作制开始盛行。《周礼 · 地官司徒 · 遂人/土均》将土地等级分为"上地、中地、下地"，每种土地的使用方案不同，"上地，夫一廛，田百亩莱五十亩，余夫亦如之。中地，夫一廛，田百亩，余夫亦如之。下地，夫一廛，田百亩，莱二百亩，余夫亦如之。""廛"指宅基地，"夫一廛"指一户一宅，"莱"则是指休耕的土地（郑玄对《周礼 · 地官司徒 · 封人/均人》"而辨其夫家人民，田莱之数"注曰："休不耕者，郊内谓之

① 参见黄世瑞（著），路甬祥（总主编）. 中国古代科学技术史纲：农学卷. 沈阳：辽宁教育出版社.

易，郊外谓之莱。")。很显然，我国在西周就开始了"二圃制和三年轮种一次的休耕法"（王仲荦，1954）。《周礼·地官司徒·大司徒》也记载，"不易之地家百亩，一易之地家二百亩，再易之地家三百亩"。"易"是轮换的意思，也就是耕种的土地和撂荒地之间有计划地轮换，说明此时的中华民族对轮耕已有了朴素的认识。《汉书·食货志》中"民受田：上田夫百亩，中田夫二百亩，下田夫三百亩。岁耕种者为不易上田，休一岁者为一易中田，休二岁者为再易下田。三岁更耕之，自爰其处"所记载的就是西周时期实施的休耕制。这一时期人们辨识土壤肥瘠程度的能力有所提高，能够根据土壤的肥力把土地划分为上、中、下或不易、一易、再易三等，各类土地不再实行一致的休耕时间，而是根据土壤肥瘠不同确定土地休耕与否及休耕时间的长短（韩茂莉，2000）。

与撂荒耕作制相比，休闲（轮荒）耕作制中人工养地措施的应用和改进提高了土地利用率；生产工具革新，也较大幅度地提高了耕作效率和耕作质量，由此导致这一时期的休耕周期大为缩短，休耕地开始摆脱完全依赖自然力恢复地力的状况，人们已不必再进行大规模迁徙。但是，无论是撂荒耕作制还是休闲（轮荒）耕作制都是粗放的土地利用方式，主要是依靠土地的自然肥力进行耕作，农作物单位面积产量低下。这种农作制度的出现与农业发展早期的低下的生产力水平、地广人稀的人地关系，以及人们对于自然环境的强烈依附有关。大量未开垦的荒地为撂荒或者轮荒提供了物质基础，在没有人工养地措施恢复地力的情况下，只能依靠休耕来实现土地肥力的自然恢复。因此，休闲（轮荒）耕作制是与当时的生产力及人地关系相适应的一种耕作制度。

3.3 封建社会中前期：连作制

公元前 475 年 ~ 公元 589 年（战国、秦汉、魏晋南北朝）的 1000 多年间，黄河流域的农业生产得到了很大发展。这一时期，以强国为目的的变法广为推行，而变法的重要内容之一就是鼓励人口增长和发展农业生产。铁器、牛耕广泛使用，施肥技术不断进步，水利设施大量兴修，大大提高了农业生产率。然而人口的激增，逐渐改变了原来的人地关系，加剧了人地矛盾。为生产足以维持生存所需要的农产品，人们必须连续耕种土地，因此，休闲（轮荒）耕作制逐渐被连作制所取代，农业生产方式也从原来的粗放经营向精耕细作方式转变。不过，尽管北方精耕细作技术体系业已形成并趋于成熟，但南方依然火耕水耨，利用粗放（李根蟠，1998）。

在同一块田地上连续种植相同的粮食作物，是人口增长的必然结果。土地连作制下基本不存在休耕行为，而同类作物连续种植，一方面作物每年都会吸收相同种类的养分，引起营养元素的片面消耗，造成土壤中养分状况的不均衡；另一方面容易导致杂草丛生，病虫害蔓延加重，最终导致作物减产（曹敏建，2013）。为了保证地力的恢复，人们开始考虑对农耕技术进行改进。西汉中期盛行起来的代田法与区田法就是适应土地连作制而产生的耕作形式。为了便于地力的恢复，在农田中起垄作圳，庄稼种在垄下的沟即圳中，第二年垄圳互易，使地力得到局部休整。除此之外，魏晋南北朝时期开始探索合理的轮作复种，初步形成了轮作倒茬的栽培方式。

3.4　封建社会中后期：轮作复种制

公元581年至新中国成立，精耕细作的传统农业在更广阔的地域内获得了蓬勃发展，形成了以复种轮作为主导的耕作制度。期间以南方水田精耕细作技术体系的形成和成熟为节点，可划分为两个阶段。一是公元581～1368年（隋、唐、五代、宋、辽、夏、金、元时期），随着南方水田精耕细作技术的成熟，更为高效的水旱轮作、稻麦两熟的复种制建立了起来（李根蟠，1998）；二是公元1369～1949年中华人民共和国成立，成熟完备的精耕细作技术体系为传统农业带来了持久的生命力，耕地面积进一步扩大，复种指数提高，多熟种植得到推广，土地利用率达到了传统农业的最高水平。

轮作与复种既是一个整体，又各有侧重。轮作制是在同一块田地上，有顺序地在季节间或年际间轮换种植不同的作物或复种组合的一种种植方式，包括在年际间进行的单一作物的轮作和在一年多熟条件下的复种轮作（刘巽浩，1995）。中国古代轮作大致包括三种类型（曹敏建，2013）：第一，豆类作物与禾谷类作物轮作。无论是在黄河流域还是在长江流域，豆类作物和禾谷类作物轮作都相当普遍。北魏贾思勰在《齐民要术》中记载了各类作物前后作的关系，认为豆类作物是禾谷类作物的良好前作，确立了豆类作物与禾谷类作物轮作体系。“谷田必须岁易”“麻欲得良田，不用故墟”“凡谷田，绿豆、小豆底为上，麻、黍、胡麻次之，芜菁、大豆为下”都是对轮作的必要性和轮作顺序所做的详尽阐释。可以看出，中国古代对豆类作物的肥田作用有相当深刻的认识，豆类和禾谷类轮作是用地和养地结合的重要措施之一。第二，粮食作物与绿肥作物轮作。魏晋南北朝时期的中国黄河中下游地区，粮食作物与绿肥作物轮作已经相当普遍。明清时期，中国南方粮食作物与绿肥作物轮作有了新的发展，栽培的绿肥作物种类多样。第三，水旱轮作。水旱轮作最早在东汉时期就已开始实行，到了宋代，南方的水旱轮作得到普及，主要是一年两熟的麦稻、油菜水稻、豆稻等轮作方式。明清时期，水旱轮作有了进一步发展，稻麦等轮作方式更加多样。

复种制是在同一田地上一年内种植两季或两季以上作物的种植方式（曹敏建，2013），是我国传统精耕细作集约栽培技术的重要组成部分，主要应用于生长季节较长、雨热配套，特别是人多地少的地区。复种对于增加播种面积，提高作物产量有重要意义。从汉代开始至明代中后期，在玉米等作物未引进之前，旱地作物（粟类）始终是黄河流域轮作复种的核心。而冬小麦秋播夏收的生长期，成为两年三熟复种制的前提。西汉《氾胜之书》中已有对两年三熟的记载，但由于劳动力数量和粮食需求有限，两年三熟复种区极少。随着人口的增长，小麦需求旺盛，到唐代冬小麦种植面积扩大，两年三熟复种制形成。长江流域虽然水热条件远远优于黄河流域，但在北方人口南迁之前，这里一直地广人稀，所以保持着一年一熟的农作制。随着人口的增长，南方地区开始了以水稻为核心的复种制。唐代云南实行了稻麦一年二熟，北宋时期江南有些地区已经实行了稻麦一年二熟，南宋时期稻麦一年两熟制得到全面推广，大大提高了江南一带的土地生产力，经济实力稳步提升，为全国经济重心南移奠定了经济基础。明代在湖南一带出现了绿肥、稻、豆等一年多熟制，清代福建、安徽等地有了麦—稻—稻一年三熟制。

3.5 中华人民共和国成立以来：连作-轮作复种制

中华人民共和国成立以来，通过全国范围开展的以扩大复种为核心的农业技术改革，推动了复种规模的扩大，实现了作物播种面积增加、产量提高，促进了农村经济发展（金石桥，1999）。在北方，一年一熟和两年三熟为当时华北地区种植制度的主体。在积温不充裕的地方多采用套作发展一年两熟，在水肥条件较差的土地上，以春玉米、冬小麦、大豆两年三熟或春作物一年一熟居多。南方水田区，20 世纪 50 年代初期，以单季稻和稻麦一年两熟为主，其间的主要熟制改革由单季稻改为双季稻；60 年代由南向北推进到长江流域，到 70 年代长江中游与华南地区在稻麦一年两熟和双季稻的基础上，又发展了双季稻一年三熟；70 年代广东五华县创造了三季稻加一季冬作或绿肥的一年四熟制；80 年代初，长江以南的水田以双季稻一年两熟或双季稻一年三熟为主，播种面积约占水稻播种面积的 2/3。

中国现代意义上的耕作制度研究源自苏联耕作理论的引入。苏联土壤学家威廉斯于 1953 年指出，在撂荒地上出现了歇荒耕作制且逐渐变成一年歇荒制，一年歇荒制叫作休闲耕作制，并最终取代了歇荒耕作制。威廉斯将休闲耕作制分为两种，第一种是不施厩肥的休闲耕作制，第二种是施厩肥的休闲耕作制，且第二种耕作制比第一种耕作制好（华北农业科学研究所编译委员会，1953）。索可洛夫（1954）模拟设计了七区大田“第一年利用的牧草—第二年利用的牧草—春小麦—马铃薯—燕麦—秋耕休闲—冬性作物加种牧草”的循环轮作，确保七块大田中每年都有一块可以获得休闲的机会，七年即可完成每块大田休闲一次的循环。1955 年，苏联专家帮助我国在东北荒地上建立国营友谊农场，提出了大田轮作的主要作物及其类型：①休闲（其中 110 hm^2 播种玉米）—春小麦—春小麦—大豆—春小麦—春播谷类作物；②休闲—春小麦—春小麦—大豆—春小麦—春小麦—大豆—春小麦—春小麦（农业部干部学校，1958）。苏联的耕作理论对我国耕作制度的研究起到了重要的推动作用，但带有强烈的意识形态色彩。通过 CNKI 检索，在此期间，中国第一篇明确提及“休耕”的文献是《春秋战国之际的村公社与休耕制度》（王仲荦，1954），作者通过周朝的休耕制度来研究周朝村公社在经济制度上所能发挥的性能，以及当时村公社所有土地的分配制度，也就是说作者是从生产力与生产关系的史学和社会学角度来研究休耕制度与村公社的关系，而非从农学、地理学或土地科学的视角研究休耕制度，因此，结合其所研究的时代，该文研究的休耕更多的是指休闲耕作制。

3.6　总结与启示

3.6.1　对我国轮作休耕历史的总结

总体而言，封建社会以来，土地连作、轮作复种综合运用，形成了用地和养地紧密结合的精细化农业耕作体系（图 3-1）。在此过程中，自然的作用在不断弱化，人为作用在不断增强。在用地方面，各个时代都注重农业技术的应用，提高复种指数以增加农作物产量，并针对农业生产的特点和规律开展轮作套作相结合的经营方式，尽一切可能提高土地利用率。在养地方面，采取豆谷轮作和粮肥轮作复种的生物养地措施，或在不同立地条件和水热季节条件下，采取不同作物相结合轮作复种的物理养地措施，或采取增施粪肥等化学养地措施，调养地力，均衡土壤各种养分供给，保障地力不衰减。在农业资源配置方面，依据作物的生理特性，合理安排轮作套种，实现土地、降水、光热、肥料、农药等资源要素的充分利用，还能错开农忙时节，优化劳动力配置。因此，特定时期、特定区域的农耕制度都是人们对农业生产规律认识与应用的结果，并与当时的农业生产力发展水平、人地关系相适应。

（1）农耕制度与社会发展阶段相适应，用养结合是中国农耕制度一以贯之的主线。

在漫长的历史进程中，中国耕作制度发展主要经历了原始社会木石农具、刀耕火种的撂荒耕作制，奴隶社会沟洫农业、定期轮换的休闲耕作制，封建社会中

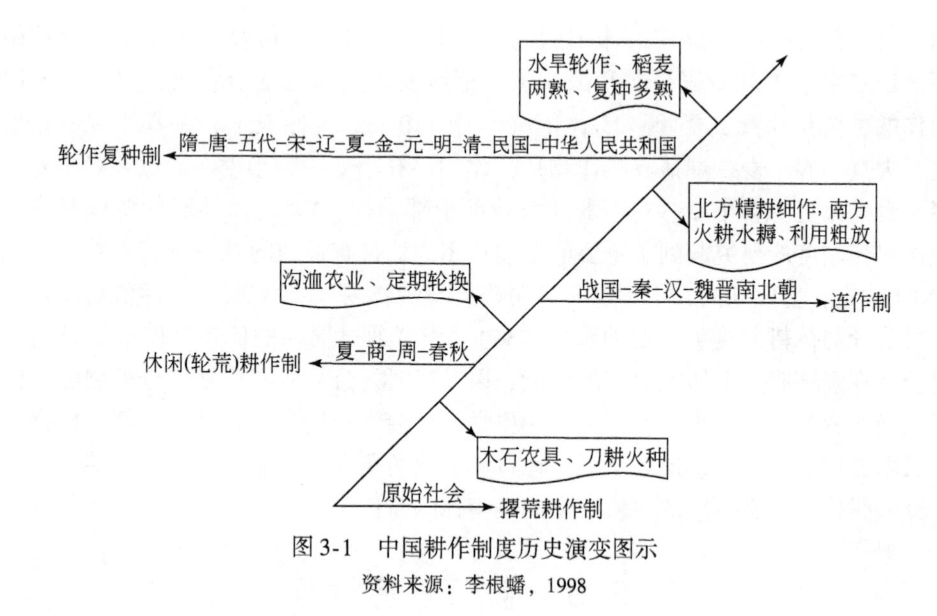

图 3-1　中国耕作制度历史演变图示

资料来源：李根蟠，1998

前期北方精耕细作，南方火耕水耨、利用粗放的连作制，以及封建社会中后期至中华人民共和国成立以来较长时期的水旱轮作、稻麦两熟、复种多熟的轮作复种制四种耕作制度，而每种耕作制度都与当时特定的生产力、人口增长，以及人们对人地关系的认识有关。在这些耕作制度的演化中，逐渐形成了精耕细作的土地用养结合模式及相关的耕作技术措施体系，用养结合的土地利用模式也就成为中国传统农耕制度一以贯之的主线。

（2）中国当前的轮作休耕制度是对传统耕作制度的继承、发展及创新。

中国在由传统农业社会向现代工业社会转型过程中，在人口增长和粮食安全的巨大压力之下，高度集约化的复种连作制虽然有效增加了农业产出，但也使耕地产能长期透支，耕地总体健康状况堪忧，耕地产能下降、功能退化已成为关乎国家粮食安全、生态安全的战略性问题。而当前耕地利用中出现的种种问题，可以看作是“石化农业”（指使用化肥、农药、除草剂的农业生产方式）背离传统用养结合模式的必然结果。精耕细作的传统农业实质上是一种可持续的有机农业，其核心是“资源节约，环境友好”的耕作理念，秘诀是所有物质的循环利用和资源化（苏玉君等，2013）。但中国实行的耕地轮作休耕制度并非传统耕作制度的简单复制，传统的用养结合更多的是经验的积累和总结，而当前和今后中国实行的轮作休耕更多的是建立在科学技术的基础之上，而且有与之相协调的组织体系、资金保障，是自上而下的制度安排。

（3）传统农耕制度目标较为单一，当前轮作休耕目标趋于多元。

传统精耕细作的用养结合土地利用模式目标较为单一，主要是为了恢复土地的自然地力，稳定土地的产能。而我国当前实行的轮作休耕，其目标体系有了更为广泛的扩充，覆盖农业结构调整、耕地产能建设、生态修复等领域。单就《试点方案》而言，轮作的目的是主动优化农业种植结构和区域布局结构，形成新的供需平衡；三类试点地区休耕的共同目的是恢复受损地力，实现“藏粮于地”，但又各有侧重。地下水漏斗区采取季节性休耕，减少耗水量大的冬小麦种植面积，以此减少对地下水的开采，使地下水位得到提升。重金属污染区通过连续多年休耕，切断耕地污染源头，杜绝有毒农产品生产，对耕地进行排毒去污，恢复耕地健康。生态严重退化区则主动降低耕地利用强度，减少水土流失，让耕地更多地发挥其生态服务功能，而非粮食生产功能。

（4）传统农业的发展伴随着边际土地的开发利用，轮作休耕则是边际土地的退出。

在中国漫长的历史时期中，国家疆土呈现出由北往南，由黄河流域向长江流域和珠江流域扩展的过程，与此相对应的是，农业社会的发达程度呈现由北往南递减的现象。从土地利用方式来看，在区域层面，土地利用由中心向边缘扩展，由生地变为熟地，由自然状态的林草生态系统转变为人工的农田生态系统；在区域内部，由低地平原向山区丘陵、由良田沃土向瘠田恶土进军。因此，在一定程度上可以说，中国农业发展历史其实是边远土地不断被开发利用的历史。而当前实行的轮作休耕是对土地开发利用方式的彻底扭转，不仅不再开发利用边际土地，反而要让边际土地逐渐退出耕作，是对生态欠账的偿还。

3.6.2　历史启示

（1）传统的精耕细作和轮作休耕的本质上都是科学地用地与养地，实现“藏粮于地”，但两者的外在表现形式已经发生了巨大变化。

受限于当时的生产力水平和农业技术，不管是撂荒耕作还是休闲耕作，都属于粗放的农作制度，恢复地力主要依靠自然恢复，周期长，效率低。相对而言，轮作复种是一种进步，不同作物间的轮作复种，将种地与养地有机结合，使耕地在高效利用的同时又能得到休养生息。因此，在古代，轮作休耕是用地与养地不可或缺的手段。只不过进入工业社会以来，传统农业封闭、低效的局限性被无限放大，人们习惯性地认为不用化肥农药，农业就会减产①。“石化农业”切断了农业与自然的纽带，由此导致环境污染、生态退化等问题。因此，面对现实，回顾历史，古代先民朴素的用养结合的土地利用方式对今天的轮作休耕仍有重要的

① 彭召昌：工业化农业与生态农业的对比．[2015-09-03]．http://www.zgxcfx.com/Article/89086.html.

参考意义，但两者的外在表现形式、技术措施已经发生了巨大变化，轮作休耕已由农户的自发行为转变为国家的制度政策安排。

（2）轮作休耕是一项长期战略，不仅需要依靠短线的政策试点强力启动，更需要与转变农业发展方式、推行现代农业经营模式相融合，实现长线推广。

传统农业延续了数千年，耕作制度经历撂荒耕作制、休闲耕作制、连作制最终调整到轮作复种制，这与古代中国封闭、自给自足的小农经济及“农本商末”的传统经济思想存在密切关系（谈敏，1988）。其间形成的精耕细作及所包含的用地与养地做法，正是基于固化的小农家庭经营模式及其“以农桑为本”的经营思想（张锐，2006），实现了对地力的长期养护和农业生产的可持续。当前的轮作休耕仍需充分考虑小农经济（家庭承包经营）的现实才有生命力。轮作休耕将是土地利用的新常态，中央政府推动的政策性试点成效有待进一步观察和检验。但从地方试验来看，轮作休耕只有与经营主体的意愿、适度规模经营、农业结构调整及农村劳动力的转移等转变农业发展方式的要求结合起来，才能获得长期的可持续的推动力。

（3）在本国范围内封闭运作的传统农耕制度被打破，需要以积极开放的心态融入世界市场体系。

中国数千年的耕作制度都是在一国之内封闭运作的，缺乏弹性和对外部系统的应对能力，而当前实行的轮作休耕不可忽视的一个外部因素就是国际粮食市场的变化，正是国际粮食市场供给宽裕为中国实行轮作休耕提供了有利窗口。这一点，是中国传统农耕制度面临的前所未有的新情况。在封闭的空间和经济系统中，轮作休耕仅需考虑耕地地力和粮食需求；在开放的系统中，还需考虑国际粮食市场变动，以及与国际规则对接（如农业补贴政策）。但是，在融入世界农业市场体系过程中，中国的轮作休耕制度要保持足够的自主性和灵活性。

（4）轮作休耕在中国是一项新的制度安排，既不能简单复制传统的用养方式，也不能直接照搬国外的经验做法。

由于中国轮作休耕制度尚在试点探索阶段，各界关注的焦点是如何进行轮作休耕，政策设计的重点也是如何推进轮作休耕，而对政策制度运行的调控、运行的绩效评价等尚属空白。因此，要加强实行轮作休耕外部环境、操作模式、规模确定、时空配置、行为响应、耕地管护和监测评估等方面的研究。总之，需要根据不同地区的自然条件、耕地资源禀赋、土地质量等特点，建立起用地与养地相结合的轮作休耕制度及实施管理制度。

参考文献

曹敏建. 2013. 耕作学. 2 版. 北京：中国农业出版社.
郭文韬. 2001. 中国古代土壤耕作制度的再探讨. 南京农业大学学报（社会科学版），1（2）：

17-29.
韩茂莉 . 2000. 中国古代农作物种植制度略论 . 中国农史，19（3）：91-99，64.
华北农业科学研究所编译委员会 . 1953. 耕作学原理 . 上海：中华书局 .
金石桥 . 1999. 我国耕作制度改革对农业发展做出巨大贡献 . 中国农技推广，（5）：6-7.
李根蟠 . 1986. 先秦时代的沟洫农业 . 中国经济史研究，（1）：1-11.
李根蟠 . 1998. 中国古代农业 . 北京：商务印书馆 .
李世平 . 2009. 论早期农业的轮作制度 . 中华文化论坛，（S2）：27-31.
刘巽浩 . 1995. 论 21 世纪中国农业可持续发展——有关理论与实践的讨论 . 耕作与栽培，（1）：1-8.
农业部干部学校 . 1958. 土壤学附耕作学讲义 . 北京：农业出版社 .
苏玉君，孔岩，曹颖 . 2013-12-19. 江浙传统农业的生态智慧 . 中国气象报，（4）.
索可洛夫 . 1954. 耕作学与植物栽培学实习指导 . 北京：财政经济出版社 .
谈敏 . 1988. 论农本工商末思想及其历史演变 . 孔子研究，（1）：53-61.
王宏广 . 2005. 中国耕作制度 70 年 . 北京：中国农业出版社 .
王仲荦 . 1954. 春秋战国之际的村公社与休耕制度 . 文史哲，（4）：36-42.
阎万英 . 1994. 我国古代人口因素与耕作制的关系 . 中国农史，13（2）：1-7.
张锐 . 2006. 确保农者“三有” . 红土地，（7）：35.
周帮扬，徐韬韡 . 2013. 中国古代农村土地制度变迁及其当代启示 . 湖南社会科学，（3）：95-98.

第 4 章　发达国家和地区现代轮作休耕制度建设经验考察①

综观发达国家和地区（组织）农业现代化的路径和模式，可将其划分为两种基本类型：一种是以美国、欧盟、加拿大、澳大利亚等为代表的欧美模式，以大规模、机械化、高科技的专业农场为主，中小型家庭农场为辅；另一种是以日本、中国台湾地区等为代表的东亚模式，以小规模、小型机械化、高科技的兼业农户为主，专业农户为辅。基于这两种基本类型，本章以欧美（美国、欧盟、加拿大和澳大利亚）和东亚（日本和中国台湾地区）轮作休耕的制度实践为参照，从耕地轮作休耕的背景及制度沿革、制度体系及实践运行等方面进行归纳和总结，并比较其休耕制度的特点及异同，以期为中国正在推行的轮作休耕制度试点提供借鉴（只考察由政府组织实施的现代轮作休耕制度，不包括历史时期自发的轮作休耕行为）。

4.1　美国耕地轮作休耕制度考察

美国是大农场轮作休耕最典型的代表，被认为是世界上现代轮作休耕制度最为完善的国家，土地保护储备项目（Conservation Reserve Program，CRP）是其最有代表性的轮作休耕项目。美国耕地轮作休耕制度建设及发展具有如下鲜明特征。

4.1.1　法律制度先行

美国休耕立法大致分为三个阶段：

（1）休耕制度的确立阶段。1916 年，《联邦农场信贷法案》（*Federal Farm Loan Act*）施行，美国创立了 12 家联邦土地银行，虽然主要讨论农场信贷问题，

---

① 本章内容已作为项目研究阶段性研究成果《欧美及东亚地区耕地轮作休耕制度实践：对比与启示》和《美国休耕制度及其对中国耕地休耕制度构建的启示》分别发表在《中国土地科学》2017 年第 4 期和《中国农业资源与区划》2018 年第 7 期。

但已经把支持农业上升到立法层面；1933 年《农业调整法》（*Agricultural Adjustment Act*）的出台标志着全面重视农业立法，涉及土地调整问题；1956 年启动土地银行项目，把在农地上以种植保护性植被为特色的休耕提上议事日程，标志着美国休耕制度建立的开始。

（2）休耕制度的快速发展阶段。1985 年的《粮食安全法案》（*Food Security Act*）以 CRP 休耕制度为重点，目的在于减少土地侵蚀和缓解粮食生产过剩；1990 年的《食物、农业、资源保护及贸易法案》（*Food, Agricultural, Conservation, and Trade Act*）将 CRP 的目标扩展到提高水质、野生生物栖息地建设等领域，开始涉及环境保护问题；1996 年的《联邦农业改进和改革法案》（*Federal Agricultural Improvement and Reform Act*）规定了 10～15 年的休耕项目实行投标竞价，并把环境效益指标（environmental benefits index，EBI）纳入休耕效益评价体系；2002 年的《农业安全与农村投资法案》（*Farm Security and Rural Investment Act*）提高了 CRP 的上限，放宽了参加标准，这是休耕急剧发展的时期；2008 年《食物、环保及能源法案》（*Food, Conservation and Energy Act*）调低了 CRP 的上限，修改了参与项目的条件，进行了重新授权，采用财政补贴用于鼓励休耕和其他环境保护项目（朱文清，2009）；2012 年《农业改革、粮食与就业法案》（*Agricultural Reform, Food and Jobs Act*）强化了环境保护计划，对 CRP 进行了进一步的规范。

（3）休耕制度的调整完善阶段。2014 年《食物、农业及就业法案》（*Food, Farm and Jobs Act*）把生态保护、有机农业纳入休耕制度，联邦政府提供 4000 万美元的资金继续用于休闲地建设的补贴，并明确 CRP 为最大的资源保护项目（Shang et al.，2015）。由于近年来农产品价格的持续上扬，土地租金水平相对较低，农民休耕的意愿也不断下降，CRP 登记量已由 2007 财年 $1489.23\times10^4\text{hm}^2$ 的峰值下降到 2013 年的 $1036.00\times10^4\text{hm}^2$（Megan，2017）。2014 年《食物、农业及就业法案》将休耕面积上限由 2014 年的 $1294.99\times10^4\text{hm}^2$（$3.20\times10^7$ acre）降低到 2018 财政年度的 $971.25\times10^4\text{hm}^2$（$2.40\times10^7$ acre）（农业部课题组，2014），并取消了草原保护项目（Grasslands Reserve Program，GRP），但在 CRP 中包含退耕还草面积。

美国大约每 5 年对《农业法案》（*Agricultural Act*）进行一次修订，从 1956 年土地银行到 1985 年 CRP 的立法确认，美国出台的相关法案就有十余个，还不包括各州出台的相关规定，美国已经建立起体系化的休耕制度（Russell，1994）。正是立法使美国的休耕制度规范化、长期化、稳定化，为采用休耕方式实现地力恢复、环境保护、有机农业发展提供了法律保证。

4.1.2　各部门分工明确、配合密切

美国联邦政府在整个制度中承担制度设计、资金筹备和组织实施等任务。制

度设计主要由国会授权农业部建立基金从事土壤侵蚀、保护、休耕等方面的研究，并建立起相应的制度设计框架；资金筹备则是由商品信用公司（commodity credit corporation，CCC）提供资金，支付每年的土地租金和农民营建经批准的植被保护层的50%的成本，并在农场经营者和政府协商的基础上签订为期10～15年的土地休耕合同；组织实施则由农田服务局（Farm Service Agency，FSA）负责，其主要任务包括制定实施计划的全部政策、管理招投标、选择补偿农民的租金和保护措施的成本及其支付等（朱文清，2009）。州政府负责土地休耕保护计划的具体实施和监督，并联合州技术委员会（State Technical Committee，STC）的自然资源保护服务人员、农田服务局的行政长官、驻州的联邦机构代表及州农业、林业、渔业与野生动物机构的代表为土地休耕计划的规划和执行提供大量的指南和指导（Megan，2017）。土地所有者和农场经营者作为制度的响应者，主要负责提供特定农业土地进行休耕，参与保护储备计划（Lee et al.，2006；Ahn et al.，2006），其中最主要的职责是协助州政府确定符合休耕条件的土地数量和位置，条件主要包括过度开发土地、生态缓冲带和土壤侵蚀度高、环境保护价值高的地块（艾春艳等，2008；杨浩然等，2013）。

4.1.3 休耕地选择准入机制完善：美国的CRP与EBI

国内外学者大多认为，美国建立了世界上最完善的现代休耕制度（向青和尹润生，2006；Ralph，2008），其中，EBI发挥了重要作用。美国涉及休耕的计划很多，而1985年的《粮食安全法案》提出的CRP是美国最大的环境改善和农地保护项目（Ribaudo et al.，2002）。美国的CRP包括完全竞争性的“general CRP”（一般的CRP）和没有竞争性的“continuous CRP”（不间断的CRP），但不管哪种，都选择“环境敏感的土地”（environmentally sensitive land）进行休耕。作为一项自由申请的项目，CRP需要准入机制，即选择并接纳哪些申请实施休耕的机制（Hellerstein，2017）。在CRP推出之后美国又陆续出台了一些适用不同土地的休耕计划，如“湿地储备计划”（Wetland Reserve Program，WRP）、“农地保护储备加强计划”（Conservation Reserve Enhancement Program，CREP）等（Cross and Sandretto，1991；Wiebe and Gollehon，2006），建立了体系化的休耕制度（Russell，1994）。美国的休耕以CRP的推出为标志，可以划分为1933～1985年和1986年至今两个阶段，这两个阶段的休耕在聚焦的环境问题、时间跨度、管理实践等方面有所不同。根据EBI又可以将CRP的演进划分为1986～1989年、1990～1996年、1997年至今三个发展时期（Hellerstein，2017）。

1. CRP 的早期阶段：1986～1989年，无 EBI

目前 CRP 使用 EBI 进行竞争性投标，但是并非一开始就是如此。早期（1990年以前）的 CRP 是没有 EBI 的。一块土地要合法地纳入 CRP，至少有2/3的面积必须满足“高度可蚀性”的三个基本标准之一（Lee and Goebel，1986）。美国1990年前的 CRP 只注重土壤侵蚀这一单因素指标，因此，完全按照土地潜力分级标准（land capability classifications）选择休耕地块，只要是符合Ⅳ～Ⅷ级的耕地，且补助要求不高于各地区规定的最高标准的即可申请休耕，但这样的选择标准不尽合理（朱芬萌等，2004）。一些学者就指出，因为没有人能证明保护土壤和保护水质哪个更重要，因此，这一时期的 CRP 的参与条件和租金投标验收程序的结合过度强调平原地区生产力低下的土地和当地土地生产力下降问题，而对外部环境问题关注不够（Ogg，1986；Benbrook，1988；Ervin，1989；Crutchfield，1989）。这一时期仅仅关注土壤侵蚀，而忽视了那些改善水质、野生动物栖息环境以及提供其他环境产品和服务的土地（Ribaudo et al.，2002）。Ribaudo（1986）认为，仅以土壤侵蚀为基础的 CRP 忽略了受农业污染的大部分流域；Ribaudo（2001）指出，改善水质和野生动物栖息地比提高土地生产力更重要。来自美国会计总署［U. S. General Accounting Office，2004年7月7日起更名为美国政府问责局（U. S. Government Accountability Office）］1989年的一份研究报告结论也指出，如果美国农业部用更广泛的目标管理 CRP，而不仅仅是关注土壤侵蚀，最大化地满足国会的登记要求，CRP 的成本-收益可能会得到提高。总的来说，1986～1989年，侵蚀因子占支配地位，因此，扩大对休耕环境效益的认识，制定一套更为宽泛的休耕耕地准入标准日益重要。

2. CRP 的中期阶段：1990～1996年，EBI 的诞生及确立

由于 CRP 早期选择休耕耕地存在局限性，1990年，美国农业部、美国国家环境保护局（United States Environmental Protection Agency，USEPA）、美国鱼类及野生动物管理局（United States Fish and Wildlife Service，USFWS）等部门共同研究建立了第一个 EBI 来筛选农民休耕申请（Osborn，1997）。此后，EBI 向多因素集合转变，指标及其权重历经数次调整。第一个 EBI 包括以下7个方面的内容（Ribaudo et al.，2002）：一是改善地表水水质（防止水蚀、减缓径流和饮水安全）；二是改善地下水水质（土壤过滤和人们从井里获取饮用水）；三是维持土壤生产力（降低土壤流失率、维持土壤相对生产率和县旱地平均地租）；四是协助生产者解决实施保护政策的潜在问题（可蚀性指数）；五是种植树木面积（投标时种植树木的比例）；六是确定的关键水质问题区域内的面积（投标地点

位于水质问题区域的面积和人口）；七是国会认定的优先保护区内的面积（投标地点位于优先保护区内的面积和人口的比例）。

1990年的《食物、农业、资源保护及贸易法案》将CRP项目的目标扩展到提高水质、野生生物栖息地建设等领域，开始涉及环境保护问题。但这个时期的EBI每个因子的权重是一样的，政策的制定者并没有准确地判断每个指标的相对权重。不过，Babcock等（1995）和其他研究者认为，由于缺乏决策者的指导，权重平等是一种理性的选择。EBI的改进从1995年的第13号CRP开始，特别是EBI的修订明确说明对野生动物的益处。第13号CRP的EBI由5个因子构成，其中4个是环境贡献因子，第5个是成本因子（1995年将成本指标纳入EBI），改进后的EBI及其权重（用最大值表示）分别为：水质保护（20分）、野生动物栖息地创建（20分）、土壤可蚀度（20分）、植树（10分）、成本因子（年度投标租金率）（30分）。

EBI的改进使得参与CRP的农地范围进一步扩大，容易发生冲刷侵蚀和周期性洪水的农地，适合用做河岸缓冲区和森林过滤带的农地，小型养殖湿地，切萨皮克湾、五大湖区和长岛海峡流域的任何农田，以及其他的指定的优先保护区都可以参加CRP（Ribaudo et al.，2002）。1996年的《联邦农业改进和改革法案》规定了10~15年的休耕项目实行投标竞价，并把改善后的EBI正式纳入休耕制度。

3. CRP的后期阶段：1997年至今，EBI的微调与完善

1997年初，美国农业部最终确定了CRP长期发展的规则，即“有效地将CRP目标设定为对环境更敏感的土地”，为了适应这一规则，在第15期的CRP中对EBI进行了修改，包括6个环境因子和1个成本因子，这也成了EBI最重要的体系（Osborn，1997）。

N1：野生动物栖息地效益（最大值100分）；

N2：减少水土流失、减缓径流等改善的水质效益（最大值100分）；

N3：减少风蚀或水蚀的农业效益（最大值100分）；

N4：某些可能超出合同期限的长期利益（最大值50分）；

N5：减少风蚀的空气质量效益（最大值25分）；

N6：优先保护区环境效益（最大值25分）；

N7：政府成本（最大值200分）。

EBI是一个动态的指标体系，它会根据签约情况和政府目标等因素的变化而不断修正指标类型和权重，但无论怎么调整，其核心都没有发生大的变化。以第20号CRP和第49号CRP为例（表4-1），1999年第20号CRP的EBI包括6个

环境因素（分别被称为 N1 至 N6，其中，N1 为野生动物因子，是指种植草地、树木、地理位置和产生野生动物效益的湿地恢复计划；N2 为水质因子，是指从减少侵蚀、冲刷和淋溶等方面改善的水质；N3 为侵蚀因子，是指减少侵蚀获得的土地生产力的提高；N4 为持久效益因子，是指在合同期间可能持续的收益；N5 为减少风蚀的空气质量效益，是指从减少风力侵蚀获得的空气质量的改善；N6 为州或国家优先保护区）和 1 个成本因素，即申请者想要获得的年租金补助（rental payments），补助越低，获得批准参加 CRP 的可能性越大（Farm Service Agency，1999）。2012 年第 43 号 CRP 的 EBI 包括 5 个环境因素和 1 个成本因素，其中的"州或国家优先保护区"的一级指标取消了，二级指标也有变动，如 N1 的二级指标由 6 个变为 3 个，N2 的二级指标由 4 个变为 3 个，N5 的二级指标由 3 个增加为 4 个，各指标的权重也都相应地做调整（Farm Service Agency，2012）。2015 年第 49 号 CRP 的 EBI 和 2012 年第 43 号 CRP 的 EBI 一致，但个别指标的分值有微弱的变化，如 N1 指标由 0～100 分调整为 10～100 分，N5 指标由 0～35 分调整为 3～45 分（Farm Service Agency，2015）。EBI 就是能否进入 CRP 的门槛，批准所有达到或超过环境收益指数门槛的申请，拒绝那些低于环境收益指数的申请。

表 4-1　1999 年第 20 号 CRP 与 2015 年第 49 号 CRP 的 EBI 对比

<table>
<tr><th colspan="3">1999 年第 20 号 CRP</th><th colspan="3">2015 年第 49 号 CRP</th></tr>
<tr><th>一级指标</th><th>二级指标</th><th>分值</th><th>一级指标</th><th>二级指标</th><th>分值</th></tr>
<tr><td rowspan="6">N1：野生动物因子（0～100 分）</td><td>N1a：野生动物栖息地覆盖效益</td><td>0～50</td><td rowspan="6">N1：野生动物因子（10～100 分）</td><td>N1a：野生动物栖息地覆盖效益</td><td>10～50</td></tr>
<tr><td>N1b：濒危物种</td><td>0～15</td><td>N1b：野生动物增强</td><td>0，5 或 20</td></tr>
<tr><td>N1c：靠近水</td><td>0，5 或 10</td><td>N1c：野生动物优先区</td><td>0 或 30</td></tr>
<tr><td>N1d：毗邻保护区</td><td>0，5 或 10</td><td>—</td><td>—</td></tr>
<tr><td>N1e：野生动物增强</td><td>0 或 5</td><td>—</td><td>—</td></tr>
<tr><td>N1f：恢复湿地与高地植被</td><td>0 或 10</td><td>—</td><td>—</td></tr>
<tr><td rowspan="4">N2：水质因子（90～100 分）</td><td>N2a：地点</td><td>—</td><td rowspan="4">N2：减少侵蚀，径流和淋溶对水质的益处（0～100 分）</td><td>N2a：地点</td><td>0 或 30</td></tr>
<tr><td>N2b：地下水水质受益指数</td><td>—</td><td>N2b：地下水水质</td><td>0～25</td></tr>
<tr><td>N2c：地表水水质受益指数</td><td>—</td><td>N2c：地表水水质</td><td>0～45</td></tr>
<tr><td>N2d：湿地受益指数</td><td>—</td><td>—</td><td>—</td></tr>
</table>

续表

1999年第20号CRP			2015年第49号CRP		
N3	侵蚀因子	0~100，由可蚀性指数（EI）衡量	N3	侵蚀因子	0~100，由可蚀性指数（EI）衡量
N4	持久效益因子	0~50	N4	持久效益因子	0~50
N5：减少风蚀的空气质量效益（0~35分）	N5a：风蚀影响	0~25	N5：减少风蚀的空气质量效益（3~45分）	N5a：风蚀影响	0~25
	N5b：风蚀土壤清单	0或5		N5b：风蚀土壤清单	0或5
	N5c：空气质量区	0或5		N5c：空气质量区	0或5
	—	—		N5d：固碳	3~10
N6	州或国家优先保护区	0或25	N6：成本	N6a：成本（根据实际报价数据在注册结束后确定得分）	每英亩越低的租金率可能会增加被接受的机会
N7：成本	N7a：根据每英亩（acre）租金水平确定分值，越低的租金得到的分值越高			N6b：报价低于最高支付率	0~25
	N7b：如果不要求政府分担成本，则提供10个额外的EBI分				
	N7c：在可接受的最高支出以下每一美元提供1个额外的EBI分，但不超过15分				

资料来源：根据文献（Farm Service Agency，1999，2012，2015）翻译整理。

一般情况下，美国农业部农场服务局每年会设立2~3个申请期，并在每个申请期前，将此期CRP计划签约的最大面积、最大补助量等公布出来。农民在了解相关情况后进行申请，申请内容包括拟休耕耕地类型、面积、期望的补助水平和种植休耕作物计划等。美国农业部农场服务局会对所有申请进行综合分析，借助EBI进行排序，确定接受的休耕面积和补助要求。但一些生态地位特别重要、环境特别敏感的耕地可以随时申请休耕（即不间断申请，continuous sign-ups），不受一般申请（general sign-ups）期限和EBI的限制。Osborn（1997）指出EBI是根据CRP注册的进展、申请者感知的不同和/或改变的优先级来调整和改进，同时，通过对不同期号的EBI进行对比研究后发现，由于增加了土地所有者投标的竞争性，改善了野生动物栖息地和水质效益，降低了租金成本，后期的EBI的效果明显高于前期部分学者用EBI对包括CRP在内的超过30个可行的土地保护项目进行评估，发现在不同休耕时期的

EBI的6个环境因子的权重发生了变化（Ribaudo et al.，2002；Cason and Gangadharan，2004；Kirwan et al.，2005）。不过，Khanna等（2003）认为EBI的评价方法仍然存在偏颇。

目前对EBI的研究大致可以分为两个方面，一是因指标选择变化引起的环境和经济效益变化的研究，二是不同EBI体系实施对应的政府成本和效益研究（朱芬萌等，2004）。Feather等（1999）等建议用估价模型帮助开发EBI，为此，应进行两方面的努力：一方面增加被评估的环境效益的指标数量；另一方面改进用于估算效益模型的技术和理论方法。同时，强调应突出人口对制定目标标准的影响，因为人口可以反映对环境服务的需求量，如改善人口稠密地区附近的环境比在人口稀少地区可以带来更多的环境效益。Zinn（2000）的研究结果表明，EBI自使用以来就随着不同环境问题的凸显而不断得到调整。例如，有人认为CRP应在碳汇方面扮演重要角色，CRP应在这一方面予以适度考虑。Leroy（2007）指出，EBI是区别于以往休耕项目的最重要的特征，如果没有EBI，CRP无异于以往的休耕项目，随着时间的推移，EBI从最初让高侵蚀度的土地退出生产，逐渐向野生动物栖息地、水质保护等环境效益倾斜，但学者们研究的重点不是EBI因子的变化及权重，而是事后的评估。Hellerstein（2017）对EBI衡量环境效益的准确度提出了质疑，特别是环境的溢出效应，即给定地块所提供的生态系统服务取决于其对邻近地区的影响或所发生的变化，但EBI并不包含这种邻域效应，因此完善EBI非常具有挑战性。

4.1.4　计划与市场相结合的规模控制

美国在实施休耕制度时强调计划与市场相结合——联邦政府根据农产品市场供求情况、环境保护、有机农业生产的要求提出休耕计划的上限，运用财政补贴、竞争进入等市场手段，落实休耕面积。美国虽然属于市场经济十分完善的发达国家，但在休耕制度实施过程中却坚持计划引领，主要表现为通过法案调控CRP面积规模。研究认为，美国CRP的规模一般由法案根据申请数量和预算来规定（表4-2）。1956～1960年，土地银行计划下的休耕面积大约为1214.06×10^4hm^2（主要是粮田）（王超升，1999），从1961年开始，美国政府规定农场主至少要休耕20%的土地（肖海峰和李鹏，2004）。1965年后将休耕分为两种形式，一种是无偿休耕，即规定只有按照政府要求休耕一定比例的土地才能参加诸如无追索权贷款等优惠计划；另一种是有偿休耕，是对于农场主超过政府规定休耕比例之外再休耕的土地（刘嘉尧和吕志祥，2009），1961～1972年年均休耕土地约占当时耕地面积的12%（王超升，1999）。1983～1984年美国将土地休耕比例提高到历史极值的30%（赵将等，2017）。CRP是美国历史上规模最大的土地保护计划之一，农民自愿参与，阶段性目标是在1985～1995年把易造成侵蚀的1618.74×10^4～$1821.09\times10^4hm^2$（4000×10^4～4500×10^4acre）土地退出耕种，从而保护和改良土壤，提高地力，稳定地租，调控农作物产量与质量（Fraser，2012；Shang et al.，2015），即1985年CRP建立时计划休耕面积约占全部耕地的1/10（Plantinga et al.，2001）。到1991年，共有$1537.81\times10^4hm^2$耕地参加了CRP（其中小麦等7种主要粮食品种休耕$979.34\times10^4hm^2$）；1996年《联邦农业改进和改革法案》将休耕面积限额下调至$1473.06\times10^4hm^2$（3640×10^4acre），并增加了一些弹性。总的来说，参加CRP的耕地占全国农作物耕地总面积的13%左右（王超升，1999）。2002年的《农业安全与农村投资法案》提高了CRP的上限，放宽了参加标准，从$1473.06\times10^4hm^2$（3640×10^4acre）提高至$1586.37\times10^4hm^2$（3920×10^4acre），导致休耕急剧扩张，并于2007年达到历史峰值的$1490\times10^4hm^2$，随后由于2008年《食物、环保及能源法案》（*Food, Conservation and Energy Act*）下调CRP面积以及农产品价格上涨，影响了农地所有者申请休耕的意愿，CRP面积开始下降（Hellerstein，2017）。此外，2008年《食物、环保及能源法案》还修改了参与项目的条件，进行了重新授权（中国生态系统研究网络综合研究中心，2007）；2012年《农业改革、粮食与就业法案》对保护土壤资源、恢复地力而实施的CRP进行了进一步的规范。2014年《食物、农业及就业法案》将休耕面积上限由2014年的$1294.99\times10^4hm^2$（3.20×10^7acre）降低到2018财政年度的$971.25\times10^4hm^2$（2.40×10^7acre）（农业部课题组，2014），并取消了草原保护项目（Grasslands Reserve Program，GRP），但在CRP中包含退耕还草面积。2018年的《农业与营养法案（草案）》（*Agriculture and Nutrition Act*）调整了CRP登记面积上限，每年增加$40.47\times10^4hm^2$（100×10^4acre），从2018年的$971.25\times10^4hm^2$（2.40×10^7acre）增加到2023年的$1173.59\times10^4hm^2$（2.90×10^7acre）。

表4-2　1985～2018年美国农业法案中关于休耕面积的调控

年份	法案名称（英文）	法案名称（中文）	关于休耕的政策要点
1985	*Food Security Act*	《粮食安全法案》	改每年休耕为休耕期10～15年的CRP，减少每年更改土地休耕数量的麻烦。授权4.00×10^7～4.50×10^7acre的土地纳入CRP

续表

年份	法案名称（英文）	法案名称（中文）	关于休耕的政策要点
1990	*Food, Agriculture, Conservation, and Trade Act*	《食物、农业、资源保护及贸易法案》	将湿地等不同用途的土地纳入 CRP。截至 1990 年，已有 3.39×10^7 acre 土地纳入 CRP
1996	*Federal Agriculture Improvement and Reform Act*	《联邦农业改进和改革法案》	延长 CRP 执行时间；规定到 2002 年 CRP 的土地面积上限为 3.64×10^7 acre
2002	*Farm Security and Rural Investment Act*	《农业安全与农村投资法案》	继续执行 CRP，提高了 CRP 面积上限，放宽了参加标准，从 3.64×10^7 acre 提高至 3.92×10^7 acre
2008	*Food, Conservation and Energy Act*	《食物、环保及能源法案》	继续执行 CRP，规定 CRP 面积上限为 3.2×10^7 acre
2014	*Food, Farm and Job Act*	《食物、农业及就业法案》	把生态保护、有机农业纳入休耕制度，明确 CRP 为最大的资源保护项目；休耕面积上限由 2014 年的 3.2×10^7 acre 降低到 2018 财政年度的 2.4×10^7 acre
2018	*Agriculture and Nutrition Act*	《农业与营养法案（草案）》	调整 CRP 面积上限，每年增加 100×10^4 acre，从 2018 年的 2.4×10^7 acre 增加到 2023 年的 2.9×10^7 acre

资料来源：根据文献（中国生态系统研究网络综合研究中心，2007；Hellerstein，2017；赵将等，2017）及各年法案整理。

休耕地入选条件对休耕规模和补助水平影响很大，美国也用 EBI 来管理 CRP 规模。Parks 和 Schorr（1997）利用理论模型对农民可能休耕的情况进行了预测；Andrew 等（2001）研究了不同补助条件下农民愿意休耕的供给曲线，进而预测未来可能的休耕规模和补助标准。为了更精确地确定各地适合的规模和补助水平，美国农业部授权各州在全国标准的基础上，开发研究本州更详细的 CRP 入选标准，甚至还有机构研发出农民是否值得参与 CRP 的决策软件（朱芬萌等，2004）。

美国对申请参加 CRP 的规模也有控制，一般每个县不超过 25%（中国生态系统研究网络综合研究中心，2007）。此外，美国 CRP 的规模还与农产品市场有较为紧密的关联。例如，1998～2007 年总体呈上升趋势（图 4-1），但近年来由于农产品价格持续上扬，农民的休耕意愿也不断走低，CRP 登记量已由 2007 财年的峰值 $1489.23\times10^4hm^2$ 下降到 2013 年的 $1036.00\times10^4hm^2$（Megan，2017）。

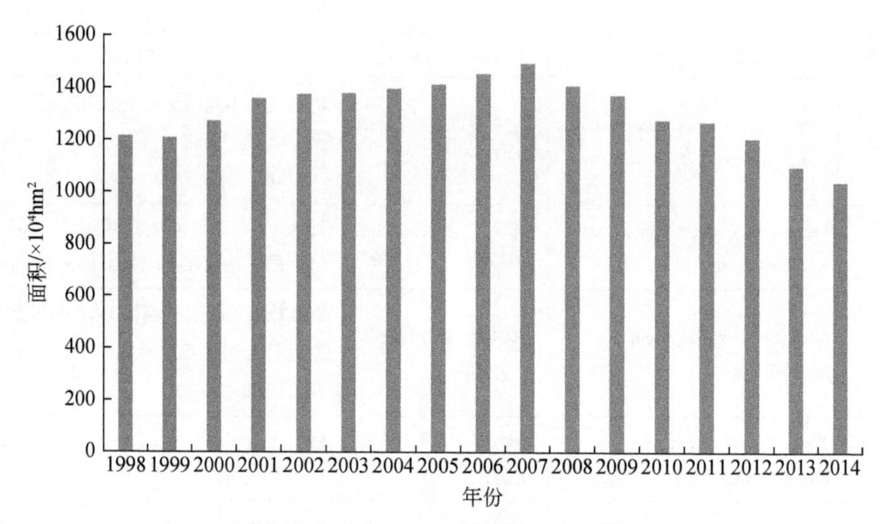

图 4-1　1998 ~ 2014 年美国 CRP 面积

数据来源：根据美国农业部网站统计，https：//conservation. ewg. org/crp_ acreage. php？ fips = 00000

4.1.5　灵活多样的补贴机制

1）土地租金

参加 CRP 的土地在联邦和州财政按法案规定的补贴标准基础上，根据休耕面积给予租金补贴（Cooper，2001；Claassen et al.，2008）。1998 年补贴标准为 142.86 美元/hm^2，1986 ~ 2007 年全美耕地租金补贴总额为 306.97 亿美元，而参加休耕强化项目（Fallow Enhancement Project，FEP）的土地每年大约能够获得 297 美元/hm^2的租金补贴（朱文清，2009）。这一补贴制度给项目参与者带来了相对稳定的收入，弥补了休耕对收益的影响，进而刺激了农户参与休耕项目的积极性。美国参加休耕还需竞争上岗，由农户申请，农业管理部门批准，耕地才能进入休耕序列。虽然受世界粮食市场价格影响，2014 年《食物、农业及就业法案》将 CRP 面积上限由 $1294.99 \times 10^4 hm^2$（3.2×10^7acre）降低到 2018 财政年度的 $971.25 \times 10^4 hm^2$（2.4×10^7acre），但租金补贴制度仍然规范地实施。

2）成本分摊

政府对参加 CRP 的土地，因种植经核准的植被而支付土地所有者相应的补贴。但需在原来的耕地上种植一定数量的天然牧草、阔叶树、特定的野生动物保护性植被等才能参与 CRP，具体补偿金额根据植被类型确定，这些费用构成了参与成本。成本分摊是政府实施 CRP 项目的财政补贴，由农业部每年向参与者提供种植保护植被一半的花费。1986～2007 年政府共分摊成本 21.02 亿美元（朱文清，2009），2014 年《食物、农业及就业法案》中的成本分摊虽然有所削减，但并未取消。这种补贴方式既凸显了政府对于改善生态环境的积极引导，也激发了休耕参与者保护生态环境的积极性。

3）技术援助

农业部自然资源保护局（NRCS）为休耕土地提供技术支持，对因环境脆弱和易侵蚀而退出耕种土地的环境评价、修复、植被建设提供技术援助。农业部门可以给土地所有者提供安装各类环境保护设施 50% 的费用；农业技术创新研究费用由政府补贴 50%，余下部分由业主承担。1986～2007 年政府累计提供技术援助费用 8.48 亿美元（朱文清，2009）。

4）额外奖励

联邦政府通过实施奖励金（PIPS）和申请奖金（SIPS）的措施增加土地所有者的收入，以激励休耕。2000～2007 年全美额外奖励 5.99 亿美元（朱文清，2009）。2014 年新法案规定每年安排一定经费用于特种农作物田块奖励项目，并不断增加，预计 2018 财政年度增加到 7500 万美元（农业部课题组，2014）。额外奖励是联邦政府对休耕制度及其他农业项目实施财政补贴的重要措施。

5）税收抵扣

为了鼓励休耕，2008 年《食物、环保及能源法案》为 CRP 参与者提供了税收抵扣的途径，即入选项目的参与者可获得与租金补贴数额相同的税收抵扣额度，而不用返还。法案的实施为 CRP 参与者在租金收益和税收抵扣中提供自主选择机会，实质上是合法地规避了个税负担，是一种特殊的财政补贴。2008 年《食物、环保及能源法案》规定，2008～2012 年每年用约 300 亿美元鼓励农民休耕土地和其他环境保护项目（李青，2010），2014 年《食物、农业及就业法案》对农业的财政补贴虽然有所缩减，但补贴力度仍然很大（图 4-2）。

4.1.6　与耕地资源相适应的 CRP 空间（州际）分布

Ribaudo 等（2002）研究发现，参加 CRP 的土地主要集中在北部平原、南部平原、西部山区和玉米带各州，且空间分布基本保持稳定。Leroy（2007）以美国十大农业产区为划分单元，统计分析了 1997 年 CRP 登记情况的空间分布，其中，中部平原（含北部平原和南部平原）占总面积的 40% 以上，其次是西部山区和玉米带（表 4-3），与 Ribaudo 等（2002）的结论相似。

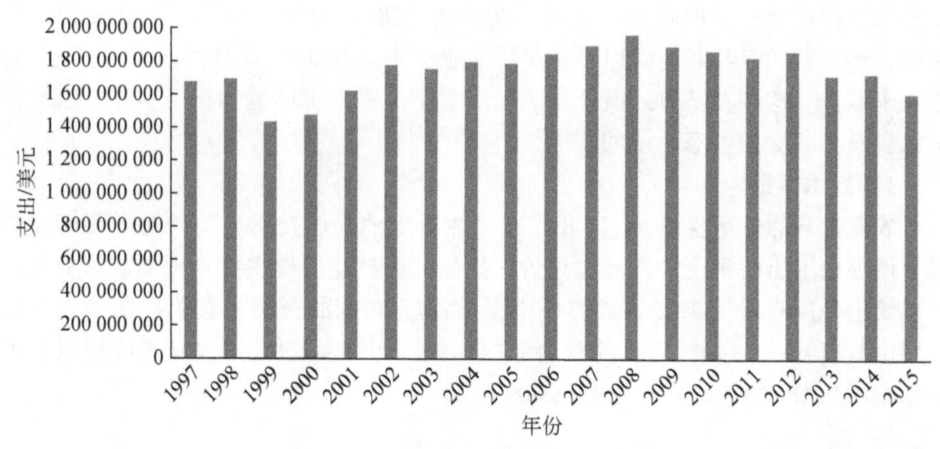

图 4-2　1997～2015 年美国 CRP 支出

数据来源：根据美国农业部网站统计，https://conservation.ewg.org/crp_acreage.php? fips=00000®ionname=theUnitedStates

表 4-3　1997 年 CRP 面积分布

农业产区	面积/$\times10^4$hm^2	占比/%	州
阿巴拉契亚山区	36.42	2.60	包括西弗吉尼亚、弗吉尼亚、肯塔基、田纳西和北卡罗来纳等州
玉米带	194.26	13.91	指艾奥瓦、密苏里、伊利诺伊、印第安纳和俄亥俄等州
三角洲地区	48.56	3.48	包括密西西比、阿肯色和路易斯安那三州
湖区	101.18	7.25	指靠近五大湖的密歇根、威斯康星和明尼苏达三州
西部山区	254.96	18.26	包括蒙大拿、怀俄明、爱达荷、内华达、犹他、科罗拉多、亚利桑那和新墨西哥等州
北部平原区	348.04	24.93	含北达科他、南达科他、内布拉斯加和堪萨斯等州
东北区	80.94	5.8	指宾夕法尼亚州以东和以北的几个州
太平洋沿岸	68.80	4.93	包括阿拉斯加、夏威夷、华盛顿、俄勒冈和加利福尼亚州
南部平原区	202.35	14.49	含俄克拉何马和得克萨斯州
东南部地区	60.71	4.35	指南卡罗来纳、亚拉巴马和佛罗里达等州

资料来源：Leroy，2007。

根据美国农业部公布的数据，美国 CRP 主要分布在中西部耕地资源较好的州，尤其是中北部和中部，其原因是这些地区耕地面积广阔，而人口密度较小，是美国重要的农产区。但美国各州 CRP 的面积差距很大，如 2014 年有 49

个州参加了 CRP，面积最大的得克萨斯州约达 $128.65\times10^4hm^2$，而面积最小的马萨诸塞州仅有 $4.05hm^2$（表 4-4），CRP 面积排名前 15 个州的面积占 2014 年美国 CRP 总面积的比例即超过 80%，达到 81.86%；前 21 个州的面积占比达到 90.47%，而其他的 28 个州的占比不到 10%（图 4-3）。因此，美国 CRP 在各州之间的面积差距非常大，究其原因，主要是各州耕地数量、申请面积和 EBI 准入条件存在差异。考虑到美国近半的农地都有租赁行为，Brady 和 Nickerson（2009）认为，土地的占有形式和状态对环境敏感的农地是继续耕作还是参与休耕有深刻的影响，并基于效用视角构建了土地所有者耕地保护行为模型，对 CRP 参与者的决策进行了空间分析，有助于更好地发现愿意参加 CRP 的农场位置，提高 CRP 的空间精度。

表 4-4　美国 2014 年各州 CRP 面积　（单位：hm^2）

排序	州名	面积	排序	州名	面积
1	得克萨斯州	1 286 495.93	22	肯塔基州	111 832.03
2	堪萨斯州	923 085.02	23	威斯康星州	106 224.71
3	科罗拉多州	794 063.16	24	印第安纳州	96 911.27
4	蒙大拿州	714 899.77	25	阿肯色州	94 924.67
5	北达科他州	656 637.59	26	怀俄明州	80 648.17
6	艾奥瓦州	589 616.40	27	密歇根州	71 244.90
7	华盛顿州	562 302.55	28	宾夕法尼亚州	70 666.20
8	明尼苏达州	525 189.64	29	犹他州	70 401.54
9	密苏里州	420 788.44	30	田纳西州	59 915.73
10	密西西比州	377 968.66	31	南卡罗来纳州	45 451.86
11	南达科他州	376 565.21	32	北卡罗来纳州	41 158.55
12	伊利诺伊州	372 298.21	33	加利福尼亚州	33 180.58
13	内布拉斯加州	344 871.04	34	马里兰州	28 507.67
14	俄克拉何马州	306 854.07	35	弗吉尼亚州	22 591.98
15	爱达荷州	246 425.61	36	佛罗里达州	19 624.01
16	俄勒冈州	222 468.22	37	纽约州	17 956.71
17	新墨西哥州	177 571.99	38	阿拉斯加州	7 334.93
18	亚拉巴马州	131 957.86	39	缅因州	3 428.50
19	路易斯安那州	126 166.00	40	西弗吉尼亚州	2 602.53
20	佐治亚州	122 678.01	41	特拉华州	2 552.35
21	俄亥俄州	113 073.2	42	佛蒙特州	1 161.04

续表

排序	州名	面积	排序	州名	面积
43	新泽西州	819.89	47	罗得岛州	11.33
44	夏威夷州	312.01	48	新罕布什尔州	5.26
45	内华达州	59.08	49	马萨诸塞州	4.05
46	康涅狄格州	27.11			
总计	10 381 535.27				

资料来源：根据美国农业部公布的数据整理，https://conservation.ewg.org/crp_ regions.php? fips = 00000®ionname = theUnitedStates。

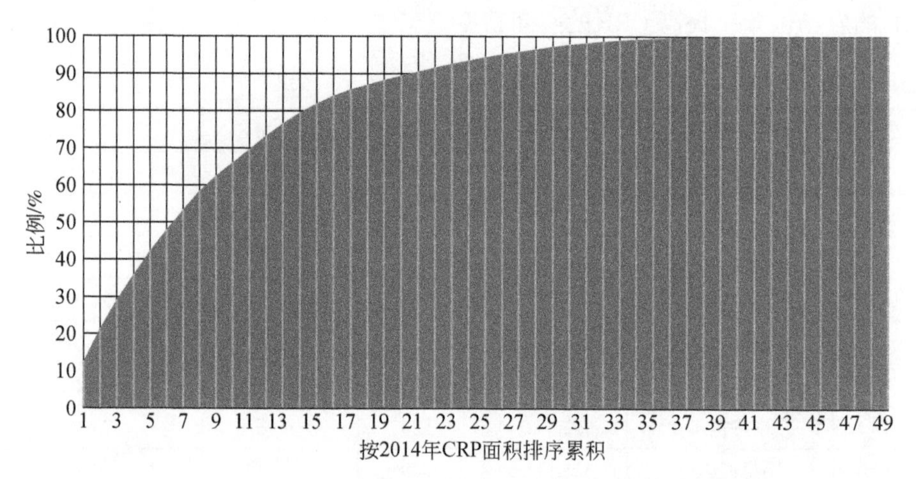

图 4-3　2014 年美国各州 CRP 面积累积占比

图中面积根据各州 CRP 面积从 1 至 49 排序后累加得到

数据来源：根据美国农业部公布的数据整理，https：//conservation.ewg.org/crp_ regions.php？fips = 00000®ionname = theUnitedStates

4.1.7　调控粮食过剩→生态保护→发展有机农业的发展过程

美国是世界粮食生产和出口大国，20 世纪 50 年代实行规范的休耕制度，主要目的是缓解粮食过剩的难题，通过休耕减少播种面积以减少粮食生产量，20 世纪末则将休耕重心转移到环境保护方面。进入 21 世纪后，土地生态修复、建立有机农业体系成为休耕的最新目标。

1956 年美国启动土地银行项目以“控制粮食供给量”（朱文清，2009）为主要价值取向，在休耕的农地上种植保护性植被是为了护地而不是环保，这个主题一直延续到 20 世纪 70 年代。

1985年的《粮食安全法案》让CRP走上休耕制度的前台。CRP开始实施的价值取向在于减少土壤侵蚀、稳定土地价格和减少农业生产过剩。但随着项目的不断推进，重心转向改善和保护水质、提高土壤生产力、减少风力侵蚀和创建野生动物栖息地等，并采用EBI对休耕土地环境价值进行评价：达到或超过EBI取舍点的申请才能批准，休耕合同期为10~15年（朱文清，2009），只有达到EBI的要求才能恢复耕种。

21世纪初，美国休耕的价值取向又由环保转移到有机农业。2002年美国出台《农业安全与农村投资法案》，建立了全国统一的农产品有机认证体系。1998~2011年美国有机食品贸易额平均增长率达到13.6%，远远高于食品贸易额增长率（3.3%），有机食品贸易额占食品贸易额的比例由1997年的0.8%增加到2011年的4.2%；1992~2008年美国有机认证面积增长了4.1倍，2008~2010年，美国有机认证播种面积保持在$194.65\times10^4hm^2$（谢玉梅，2013）。2011年以后，有机播种面积成持续上升状态，美国将休耕轮作的重点放在通过环境治理发展有机农业上——不再仅仅是为了养地、恢复地力或提高环境效益，而是作为发展有机农业的重要手段。

近年来，美国加大了有机农业发展的支持力度，“国家有机计划”（National Organic Program，NOP）制定了2010~2012年战略纲要，明确了联邦政府对有机农业发展及监管的职责。在战略纲要中，将休耕轮作的EBI作为有机农业的重要指标之一。特别是2014年《食物、农业与就业法案》仍然强调休耕对环境保护的作用，缩减了补充营养援助等的投入，休耕计划基本不变，有机农业投入力度进一步增强。经过半个多世纪的探索和发展，美国联邦政府构建了完善的休耕轮作的农业政策体系，并不断地拓展休耕轮作的价值领域，最终落脚到环境保护、有机农业发展上，形成了全球最有价值的休耕轮作政策制度体系。

需要指出的是，美国的休耕制度虽然比较完善，但并非完美。例如，美国CRP减少了可用耕地的数量，受农产品价格反馈效应和替代效应的影响，导致新的非农用地被开垦用于农业种植，CRP计划下每休耕$100hm^2$土地将会导致$20hm^2$非农耕地转变为农耕地，CRP带来的滑脱效应抵消了9%和14%的水侵蚀效益和风侵蚀效益（Wu，2005）。同时，美国的休耕制度虽然有环评指标，有利于环保、恢复地力、发展有机农业，但这种休耕却具有很大的消极性，特别是对环境条件差的耕地的积极治理显得薄弱。因此，我国在实行休耕时，应采取以下措施：①防止农户开发利用边际土地，造成新的生态环境破坏；②推行积极休耕，实行环境治理、土地整理有机结合；③坚持从中国人多地少的国情出发，不盲目照搬美国的庞大休耕规模，把休耕量控制在粮食自产播种面积的安全警戒线下。中国应以美国休耕轮作制度为借鉴，将土地生态治理、撂荒、弃耕、退耕还林纳入休耕体系；建立有组织、有计划、有资金政策保障、执行程序科学、监督控制严密的休耕制度，建立种地与养地相结合、轮作休耕与粮食供求调节相互动的土地生态修复制度，为中国有机农业的建立、粮食安全提供量足质优的耕地资源。

4.2 欧盟耕地轮作休耕制度考察

4.2.1 休耕耕地基本要求

为了应对农业产能过剩的问题，1985 年，欧洲共同体（简称欧共体）① 在《共同农业政策展望》中提出建立耕地休耕制度，并按公顷数给实行休耕的农户发放补助（罗超烈和曾福生，2015a）。1988 年，欧共体成员国（除了葡萄牙）实行为期 5 年的休耕政策，德国作为欧洲的农业大国，在第一年就休耕了大约 $17\times10^4hm^2$，是休耕面积最多的国家（Jones，1991）。法国在 1989 年休耕了 $1.5\times10^4hm^2$ 农田（李志明，1994）。德国规定，成块连片的休耕地的最小面积为 $0.3hm^2$，按德国的标准计算，即休耕地块的宽度至少为 20m；但如果休耕地块受到环境（如墙体、岩石、水道等）的限制时，可以作为特殊例外而小于 $0.3hm^2$；另一种例外情况是，休耕地是由一块或几块自然地块组成时，其宽度也可以小于 20m（朱立志和方静，2004）。满足上述条件的耕地拥有者都可以申请休耕，休耕时间从每年的 1 月 15 日到 8 月 31 日，补贴包括直接休耕补贴和种植规定作物的间接补贴（余瑞先，2003）。法国农场采取多作物轮作及间种的情况非常典型，部分农田采取半年休耕。2013 年，法国制定的农业政策规定 $15hm^2$ 以上的耕地要保留 5% 以上的耕地面积作为生态保护区，用于保留绿篱、树木、缓冲带、休耕地及自然景观等，2018 年这一比例上调至 8%；规定离水源 5m 之内不能耕种，以保持水土（朱小丽等，2017），与美国 EBI 中防止土壤侵蚀指标类似。

4.2.2 休耕规模确定与调控

1992 年的麦克萨里改革将休耕制度确立为欧盟农业政策的重要组成部分，其宗旨是鼓励农民对土地实行休耕，以降低农业生产对环境的损害，调控粮食供

① 1993 年正式改为欧洲联盟（简称欧盟）。

给总量和实现市场平衡（Groier，2000）。但欧盟的休耕并未像美国 CRP 那样有成体系的 EBI，欧盟的休耕包括轮作休耕和多年性休耕（张洪明和余键，2014），其中轮作休耕的农场又分为强制休耕和无强制休耕两类（Hanleyn et al.，1999；Kizost et al.，2010）。实行强制性休耕的前提是申请休耕补贴的农场土地的折合谷物总产量大于92t，该农场强制休耕至少10%的耕地；无强制性休耕义务的农场规模比较小，没有强制性休耕义务，但农民可自愿申请休耕。休耕的时长有1年休耕和多年性休耕。多年性休耕至少10年以上，$100hm^2$以下的农场最多可以休耕$5hm^2$，$100hm^2$以上的农场最多可休耕$10hm^2$（刘璨，2009）。欧盟的休耕规模根据粮食市场反馈的信息进行调整，如2000年，欧盟将休耕面积比例确定为10%（约$350\times10^4hm^2$），2003年因为粮价热浪袭击，国际粮食市场出现波动，欧盟决定将2004～2005年度的休耕比例降为5%（Zellei et al.，2005）。2006年，由于国际粮食紧张，欧盟通过了“在2007年秋季至2008年春季将欧盟境内土地休耕率由过去的10%降为零”的决议（潘革平，2007）。粮食紧张得以缓解后，休耕政策再度实行（Louhichi et al.，2010）。欧盟2009年起取消了强制性休耕制度，只实行自愿休耕计划，虽然欧盟的休耕面积主要根据粮食市场的变化作出调整，但平均休耕面积占总耕地面积的10%左右（饶静，2017）。

4.2.3　休耕成本分析

欧盟除了对休耕进行直接补贴外，还对各种养护耕地措施进行补贴（Ma et al.，2012）。欧盟休耕计划要求农场主每年必须对一定比例的土地实行休耕、造林、种草或种植生物燃料植物，不能裸露，且不能施用化肥和农药（刘璨，2009；Kizos et al.，2010）。同时，欧盟还规定，不同国家、不同生产区每公顷休耕土地补贴额应与当地每公顷作物面积补贴金额相当（Baylis et al.，2008）。对达到休耕比例的农民进行直接补贴，并为从事降低农业污染物质使用量、采用环保型农业经验及养护废弃的耕地和林地等活动的农民提供各种形式的奖励性补贴（Zilberman et al.，2006；Ma et al.，2012），无强制性休耕的农民休耕补贴的上限为耕地总面积的33%（Steele，2009）。农民要享受休耕补贴必须书面申报种植情况和申请补贴，对于申报中不遵守规定的，实行惩罚措施（Niu and Li，2009；Bamière et al.，2011）。在特定情况下，农户可以通过与政府相互协商，加强对制度补偿内容的设计安排，从而获取更加满意的制度补偿金额（刘景华，2006）。英国政府还规定，愿意放弃经营农业的小农场主，可获得2000英镑以下的补贴，或领取终生养老金，还可以在签订超过30年以上的休耕协议书的基础上，领取不超过125英镑/($hm^2\cdot a$）的补贴（李世东，2002；Lienhoop and

Brouwer，2015）。

欧盟的休耕政策有效调控了粮食产量，平衡了市场供需，降低了农业生产对环境的危害，保护了乡村自然生态环境。值得借鉴的是，欧盟的休耕计划根据粮食供需市场情况进行动态调整，粮食生产适应价格变化，市场机制和政府手段双向调控，既保证了农民收入，又保障了粮食安全。

4.3 加拿大耕地轮作休耕制度考察

4.3.1 休耕是保护性耕作的重要内容

加拿大是保护性耕作的起源地，原因是加拿大纬度较高，冬季寒冷，土地的翻耕不利于有效抵抗风蚀和水蚀，土壤容易受到侵蚀，因此发展出保护性耕作，即用大量秸秆残茬覆盖地表，将耕作减少到只要能保证种子发芽即可，并主要用农药来控制杂草和病虫害（Aulakh et al.，1984），主要包括少耕、免耕。20 世纪 30 年代，耕地的过度开垦以及草原的掠夺性利用，造成加拿大气候恶劣，草场沙化严重，沙尘暴频发。耕地高强度耕作与单一耕作对土壤的危害很大，不但降低了土壤有机质含量、破坏土壤物理性质，使土壤生产力下降，而且还加剧了土壤侵蚀和污染（Ketcheson 和吴榕明，1981）。20 世纪 50 年代加拿大就开始了保护性耕作的试验研究工作，经过多年的示范推广，1994 年，加拿大免耕耕作面积占总耕作面积的 36%，2001 年上升到 63%（王长生等，2004），目前加拿大保护性耕作农业面积占总耕地面积的 70% 以上（张进，2008）。也有学者认为，休耕是加拿大保护性耕作的一项重要内容，与保护性耕作一起大体可追溯至 20 世纪 30 年代中期（黄兴国和王占岐，2018）。

4.3.2 休耕区域布局优先考虑边际土地

在加拿大，只有边际土地、高侵蚀性土地、高盐碱土地、酸性土地和湿地等脆弱土地才能纳入休耕计划。为了应对日益严重的土地退化问题，加拿大政府鼓励农民进行休耕，每年都有超过 $10\times10^4\,hm^2$ 的耕地空闲，休耕养息、培肥地力（崔向慧等，2012）。20 世纪 30 年代以来，加拿大农业主产区无休止耕作及过度开垦导致土壤侵蚀严重，大量草原植被破坏，掠夺式开发给草原生态建设和农业生产带来了难以估量的损失（罗超烈和曾福生，2015b）。1935 年，加拿大出台了以退耕还草为目标的《草原农场复兴法案》，并于当年成立了大草原地区农场复垦管理局，旨在应对西部省区的干旱问题。以往加拿大西部平原采用的是连续耕作制度，过度耕作是导致土壤侵蚀的主要原因之一，因而在较干旱的西部平原地区采用休耕制度（指有一季的时间不生产任何作物）（拉冯德等，2006），以储存土壤中更多的水分，并在休耕季节通过土壤有机物的矿化，为后期作物提供更多的可利用氮养分（拉冯德等，2008）。1983 年，农场复垦管理局发表了题为《加拿大大草原地区土地退化和土壤保持问题》的报告，为该地区后来实施大批土壤保持项目奠定了基础，大部分计划和项目通过农场复垦管理局实施。

4.3.3　休耕规模与投入

“永久性恢复项目”（PCP）于 1988 年提出，1989 年投入 7400 万加元并开始实施，最初只限于阿尔伯塔和萨斯喀彻温两省的 $14.4\times10^4\ hm^2$ 边际和侵蚀性土地。之后，PCP 不断扩大，1991 年扩大到曼尼托巴省和不列颠哥伦比亚省的平河地区。1993 年，休耕总面积达到 $520\times10^4\ hm^2$，约占耕地面积的 11.3%。该项目本着农户自愿参与的原则，参与者需签订 10 年或 21 年期合同，在达到永续性休耕要求之前，禁止将土地用于放牧等用途。作为对土地利用限制的回报，农户可获得每公顷 50 加元（约 15 美元）的种植成本补贴，永续性休耕建立之后将得到一次性补贴，每个土地所有人所获得的补贴数额最高不超过 6.4 万加元（刘璨，2010）。

加拿大的休耕项目和土地恢复项目增加了社会、环境及土地所有者的利益，但如果粮食价格维持高位运行，休耕面积将趋于减少，如 2011～2015 年加拿大休耕面积持续下滑①。另外，由于农场主过去实行的休闲耕作制度（即土地每耕种 3～5 年后要休闲 1 年）无形中增大了农业的生产成本。因此，传统的休闲耕作制度慢慢被轮作制度所取代，每个农场都制定了自己的轮作方案（张进，2008）。在加拿大，夏季休耕的做法已减少了 60% 以上，人们对轮作更感兴趣且不断扩大。此外，通过实施保护性耕作，可以减少甚至取消夏季休耕，提高了土地产出率，据统计，自 1991 年以来，加拿大免耕面积增加了 35%，减少夏季休耕地 40%（王延好和张肇鲲，2004）。

① 国际粮价高企加拿大将减少休耕面积提高播种．[2016-07-22]．http：//www.agronet.com.cn/News/535466.html；加拿大统计局：2014 年加拿大油菜籽播种面积将同比减少 0.7%．2014-04-25．[2016-07-22]．http：//www.99qh.com/s/news20140425093103060.shtml.

4.3.4 休耕的生态环境效益

夏季化学休耕是加拿大保护性耕作体系中的一项重要内容，加拿大对少耕或免耕的早期研究大部分是针对夏季化学休耕地的，目的是保留更多的作物残茬，更好地保护土壤不受侵蚀。夏季化学休耕的确有很多潜在好处，如会减少土壤侵蚀和相关的土壤肥力损失。在棕色土壤区（即西部平原区）的几项长期研究发现：在春小麦休耕轮作21个月的休耕期内，耕作次数越少，水分就保持得越好；1992年，在小麦—休耕轮作的休耕阶段，在直播的小块地0～15cm的深度，每0.25m^2约有300只蚯蚓，而在传统耕作的小块地没有一只蚯蚓；土壤碳（有机物）是衡量土壤健康和生产力的最重要指标，由于采用了保护性耕作，加拿大的土壤碳含量每年都在增加（林德沃尔，2007a，2007b，2007c），如阿尔伯塔省、萨斯喀彻温省和曼尼托巴省，通过在无夏休耕轮作中采用免耕或少耕方法，表层15 cm土壤的有机碳含量增加了（张治等，2006）。PCP减小了风水侵蚀、盐碱化及有机物质流失的风险，对土质的改良大有裨益，且大多数PCP土地将不会复耕。但是该项目也有消极的一面，几乎一半的被调查者反映，PCP项目土地上存在鼠患、顽固性杂草和蝗虫问题。由于农户不愿休耕非边际的土地，项目的效果受到限制，所取得的环境效益将变小（刘璨和贺胜年，2010）。

4.4 澳大利亚耕地轮作休耕制度考察

澳大利亚地广人稀，人均耕地面积2.4hm^2，农业高度专业化和规模化，是世界最重要的农产品出口国之一。从20世纪70年代中期开始，由于农场合并、规模扩大和技术进步，农场数量平均每年减少6.3%，但农场平均产出以每年2.6%的速度增长，1987年，澳大利亚农场的平均规模为4670hm^2，其中作物种植农场为1300hm^2（张培增和郭海鸿，2014）。澳大利亚年降水的时空分布很不均匀，降水集中在夏季，极易对土壤造成侵蚀。20世纪初以来持续的翻耕作业，导致水土流失、土层变薄，对农业可持续发展造成重大威胁。20世纪70年代中期之前，澳大利亚大部分耕地种植一季作物后，休闲12～18个月（李庆东，2009），从20世纪70年代初开始，澳大利亚在全国各地建立了大批保护性耕作试验站，并受到广大农场主欢迎。与加拿大一样，澳大利亚的保护性耕作实行秸秆覆盖和免（少）耕，很好地遏制了土壤侵蚀。到2008年，澳大利亚多数农场都选择了保护性耕作，保护性耕作技术应用面积达到77%，大部分耕地可以得到3～9个月的休闲（李洪文和李庆东，2009；张培增和郭海鸿，2014）。为了鼓励农民积极利用保护性耕作法，政府对购买免耕播种机的农民补助 10% 的购机费，对将传统播种机修改为免耕播种机的农民，补贴 50% 的修改费（享耳，1998）。澳大利亚休耕中比较典型的是甘蔗种植耕地的休耕，且形成了一整套成熟的技术体系，如休耕时要清除甘蔗以打破土壤病害圈；豆类为推荐的休耕作物，用种植机种植休耕作物，并在早期控制杂草、清除杂草以给下茬甘蔗提供良好的环境。种植豆科作物作为休耕作物，提供了更平衡的土壤生态环境、更少根系病原体，提高了土壤结构，提高了产量（Aulakh et al.，1984）。澳大利亚所采取的休耕，打破了单一作物种植模式，使种植者有更充足的时间计划下茬作物，让土壤得到休息，有时间施用土壤改良剂以修正营养失衡，修整田间灌溉排水设施，更好地控制杂草，减少作物根部病害（覃双眉和李明，2015）。但澳大利亚农业的重心是混合农业、保护性耕作，休耕并不多，且原先的休耕也逐步转向轮作。澳大利亚根据自然资源条件，逐步形成并发展了一种综合型的旱作农业——草地轮作制，是一种把作物种植和草地放牧相互交替的农作制度，即将谷物生产与畜牧生产相结合。澳大利亚通常的轮作方式是种植一年牧草后再改种一季或两季作物，主要轮作方式有大麦—苜蓿（适用于大麦产区）、小麦—苜蓿（适用于年降水量为 350 ~ 470mm 的地区）、苜蓿—苜蓿—苜蓿—小麦或大麦（适用于年降水量不稳定的砂土区，视季节情况种植苜蓿 2 ~ 3 年）、苜蓿—大麦—苜蓿—休闲—小麦（土壤较黏重并认为有必要采用休闲制的地区）（丁晓东，1996）。

4.5　日本耕地轮作休耕制度考察

20 世纪 70 年代初，日本出现粮食（稻米）剩余，为控制粮食（稻米）产量，日本从 1971 年起实施休耕项目作为供给控制手段，将一定的土地退出粮食生产领域，稳定稻米价格，维护稻农利益。但相比欧美，日本的休耕规模、质量有较大差距，主要原因是作为一个人多地少的国家，日本在耕地规模、质量、耕作条件等都存在较大的限制。

4.5.1　不同类别的耕地有不同的休耕要求

日本在平均坡度大于 15°的陡坡地和在极易受到侵蚀的特殊土壤地区实施土地保护规划（延藤亨弘和温季，1988）。日本实行农地分类管理制度，将农地分为一、二、三类。一类农地主要是生产力高的农地，此类农地除公共用途外不得转用；三类农地主要包括土地利用区划调整区域内的土地、上下水道等基础设施区内的农地及宅地占 40% 以上的街路围绕区域的农地，这类农地原则上可以转用；二类农地则是介于一、三类之间的农地，可有条件转用。不同类别的耕地有不同的休耕要求（Fraser，2002）。与美国相似，日本也主要是休耕环境敏感的土地，但缺乏像美国 EBI 那样的筛选体系。

4.5.2 休耕规模确定及调整

日本休耕面积依年份粮食产量的不同差异较大，大多数年份休耕农田的面积都超过 $50\times10^4hm^2$（刘璨和贺胜年，2010）。由于饮食生活的日益多样化（面食类、畜产品消费的增加），日本人对大米的需求锐减，人均消费从 1962 年最多的 118.3kg 下降到 2006 年的 61.5kg，同时得益于先进的农业科技，日本稻米平均单产水平位居亚洲第一，尽管日本多数农产品需大量进口，但大米自给率却高达 95%以上，甚至出现过剩，可供出口（梁正伟，2007）。如前所述，日本对不同等别的耕地有不同的休耕要求，包括轮种休耕、管理休耕和永久休耕（刘璨和贺胜年，2010；Ren and Li，2008）。1993 年，日本在《乌拉圭回合农业协定》（*Uruguay Round Agreement on Agriculture*，URAA）中将农田休耕作为一项环境手段，随后，日本政府确定了能达到生态环境保护目标的休耕制度。日本农田休耕方式主要有三种，即轮种休耕、管理休耕和永久性休耕。休耕面积占总耕地面积的 64.6%，其中永久性休耕 $1.3\times10^4hm^2$（永久性休耕是把农田用于造林、造果园和建鱼塘等），占休耕总面积的 2.6%（刘璨和贺胜年，2010）。日本稻田休耕面积的高峰出现在 2001 年，达到 $101\times10^4hm^2$；从 2001 年开始，日本政府停止了自 1971 年开始实行了 30 年对农户半强制分配稻田休耕面积“一刀切”的做法，改为根据产地与品牌分配水稻的休耕面积，使分配稻田休耕面积能够反映稻米的产地名牌、价格与销售的实际情况，尽管如此，仍难以准确控制稻米产量（朱明德，2003）。从 2003 年开始，日本进一步改革稻田休耕制度，将分配休耕面积改为分配产量指标，鼓励优质稻米的生产并切实控制稻米的产量（朱明德，2003）。由此可见，日本一直将休耕作为控制稻米产量的主要途径。日本人均耕地面积不足世界平均水平的 1/10，全国耕地面积（包括水田、旱田）为 $454.9\times10^4hm^2$（王凤阳，2014），但日本海外开发使用的耕地面积为 $1200\times10^4hm^2$，约是国内耕地面积的 2.5 倍（左俊美，2016），与进口的农产品（粮食和肉类等）所换算成的耕地面积大致相等（朱明德，2003）。正是因为日本有大量的海外耕地储备，才得以维持国内高比例的休耕规模。

4.5.3 休耕成本分析

农民或其他土地所有者，不论采用哪种休耕方式，凡参加供给控制计划而实施土地休耕的农户，对休耕地采取保障土地可持续利用与杂草控制相结合的措施，使休耕地达到发放补贴标准，均能获得休耕补贴（岸康彦，2008）。轮种休耕和管理休耕的补贴标准为18.5美元/(hm^2·a)，如果农户能提供更为有效的水土保持措施，或能将作物种植与畜牧业相结合，该标准还将进一步提高，对于长期或永久休耕地，每年会获得更高的补贴（刘璨和贺胜年，2010）。对于不配合耕地轮作休耕制度的农民，政府将提高农田治理和生产条件达标标准，从原来的10万日元/hm^2提高到20万日元/hm^2，增加了耕地耕作的成本。而对于积极配合的农民，政府将发放资金补助，其中基本补助金额为7万日元/hm^2，最高补助金额可达50万日元/hm^2（Sasaki，2005）。

日本通过不同的休耕方式达到不同的政策目标，对不同类的土地进行不同方式的休耕，增强了休耕的灵活性、针对性、有效性，并利用休耕农田种植非粮食作物，增加了物种的多样性，这反映出日本对休耕的生态环境效应认识的深刻性，为中国实行轮作休耕政策提供了一定的借鉴意义。但日本的休耕也暴露出一系列问题：一是休耕后部分山区和半山区土地抛荒、生态破坏等现象严重；二是稻田休耕转作项目开始后，日本的耕地面积一直呈减少趋势，小地块难以规模化，影响了农产品的市场竞争力。

4.6　中国台湾地区耕地轮作休耕制度考察

台湾地区休耕地的利用可分为两种模式，一是种植轮耕作物（如绿肥、玉米等其他依据公告可种植的作物）或契作作物；二是呈现荒废、闲置的休耕农地（尤君庭，2012）。台湾的休耕历程也可以分为两个阶段，第一阶段是岛内粮食（稻米）供过于求的时期，通过休耕转作的方式减少稻作面积，从而控制产量，缓和岛内粮价波动，稳定农民收入；第二阶段是2002年后为应对加入世界贸易组织（World Trade Organization，WTO）要求，扩大岛外粮食进口，进而通过休耕来控制粮食的产量与面积。

4.6.1　休耕耕地选择缺乏基本标准，休耕空间布局欠优

研究资料显示，台湾地区休耕的参与方式是农民自愿制，没有基本的条件门槛。台湾地区将非都市土地划分为特定农业区、一般农业区、工业区、乡村区、森林区、山坡地保育区、风景区、特定专用区、公园区及河川区10种使用分区。根据台湾地区《农业发展条例》（1996年）第3条11款，“耕地”是指“依《区域计划法》划定为特定农业区、一般农业区、山坡地保育区及森

林区之农牧用地”（陈玉飞，2015）。在台湾地区，农民愿意耕种又适合农业耕作的耕地仅 $73\times10^4hm^2$，其中 $55\times10^4hm^2$ 被划分为特定农业区（$38\times10^4hm^2$）和一般农业区（$17\times10^4hm^2$），这是台湾地区主要的农业生产区域（相重扬，1998）。台湾地区的耕地主要分布在西部，包括台南市、嘉义县、云林县、彰化县、台中市、苗栗县、新竹县、桃园市和台北市，这也是休耕的主要区域。郑伟德（2011）将台湾地区北、中、南、东的代表县（新北市、台中市、云林县、花莲县）1994～2009 年的“农户耕地资料档”以 SAS 软件进行统计，发现云林县休耕面积占比在 50% 以上，花莲县占比在 20% 以上，两者合计将近八成，而台北县和台中县各约占一成，北部和东部的长期休耕情况比中南部突出。2005～2009 年，台湾地区每年的休耕面积均以台南县最高，占休耕总面积近 20%（柳婉郁等，2014）。台湾地区制定了转作或休耕准则，符合准则就可以申请补贴，强调休耕地种绿肥，同时制定了各县市适合休耕田种植的绿肥种类（一feeling，1997）。

有研究认为，由于台湾地区的休耕没有考虑区域差异，空间效率不理想。在实施休耕之前，台湾地区已经划分了耕地等级，但在休耕政策中并未将此条件考虑进去，当执行休耕政策时，是全域参与，没有结合地方生产特性与农田等级。对于拥有良田的农民而言，参与休耕就意味着会造成农业资源的浪费，因此，休耕政策不能过于宽泛，必须考虑地区的自然环境与社会人文、农业生产条件，通过合理规划区域性休耕，配合完整的休耕补助措施与调整休耕土地利用方式，才能达到资源的合理分配。台湾地区每年有政府预定地区应休耕的面积，但却没有完整的规划配套措施与内容。应根据各个县市的农业生产特性做机动调整，并规划区域性休耕措施，才能达成资源的合理分配。其配套措施应以区域性规划方式确定轮流休耕地区，以达到最有效的资源利用方式（尤君庭，2012）。

4.6.2 休耕面积过大，休耕可控性较差

陆云（2010）的研究表明，在 1984 年之前，台湾地区的稻米产量一直维持在 220×10^4t 以上，但随着群众生活水平的提高以及饮食结构的多元化，台湾地区的稻米消费量逐年下降，人均每年稻米消费量从 1984 年的 99.66kg 下降到 2006 年的 57.87kg。与消费量的逐年递减相比，稻米生产量供过于求。为保证稻米价格和维持稻农收益，通过减少稻米种植面积以压缩稻米供给，提高粮价，成为台湾地区农业政策的必然选择。因而，稻田转作成为 20 世纪 80～90 年代台湾地区最重要的农业政策。1984～1989 年，台湾地区相关部门推出了“稻米生产

及稻田转作六年计划”，平均每年休耕面积仅 $3.3\times10^4 hm^2$；1990～1995 年继续推出“稻米生产及稻田转作后续计划”，平均每年休耕面积为 $6.3\times10^4 hm^2$，较前一时期高出一倍左右，以减少稻米生产并辅导高粱、玉米与大豆等大宗的进口杂粮计划（陈再添，1990；李增宗等，1997）。随着休耕政策实施的深入，1997～2007 年又推出“水旱田利用调整计划”及其后续计划——“水旱田利用调整后续计划”，1997 年农地休耕还被列为农政措施的重要一环（谢祖光和罗婉瑜，2009；李晗林等，2015）。90 年代后期，稻田转作过渡为稻田休耕，成为稻米减产的另一策略。稻米减产措施除持续推动轮作、休耕外，自 2000 年度起另选择低产、品质较差、无适当农特产可供轮作地区，加强推动规划性休耕种植绿肥，辅导稻米朝向单季化生产（黄濒仪，2003）。2002 年，台湾地区加入 WTO，为了回应 WTO 所规定的台湾地区需进口 8% 的稻米的要求，台湾当局决定再休耕 $10.5\times10^4 hm^2$ 以上水田（陆云，2010），此后，台湾地区休耕面积迅速上升（表 4-5）。加入 WTO 并开放稻米进口后，如果规划性休耕无法达到预期调降的稻作面积，还将对稻田实行分区轮休，但稻田分区轮流休耕是一种有条件的限制生产措施，并不是强制性休耕（黄濒仪，2003）。随着休耕政策的推行，高额的休耕补助降低了农民耕作意愿，加之社会老龄化日趋严重，导致大批优良农地闲置，粮价上涨。为鼓励生产与扩大经营规模，台湾地区于 2009 年启动活化休耕田措施，提高轮作奖励标准，并推动连续休耕农地租赁，鼓励专业农民承租休耕农地种植水稻等粮食作物（吴越，2009）。2012 年 12 月，台湾地区开始对休耕政策进行调整，台湾地区“农委会”启动“调整耕地制度活化农地中程（2013～2016 年）计划”，优化活化连续休耕农地，促进农业劳动结构年轻化及扩大经营规模[①]。自 2013 年起，台湾地区将休耕基准定为两年，并将休耕补助改为一期，同时允许休耕地由农地银行转租给其他农业经营者（李晗林等，2015）。

表 4-5　1984 年以来台湾地区休耕计划及规模（单位：$\times10^4 hm^2$）

休耕政策名称	年份	休耕面积	种稻面积
稻米生产及稻田转作计划	1984	0.57	58.67
	1985	1.59	56.37
	1986	2.46	53.16
	1987	3.54	50.15
	1988	5.24	47.11
	1989	6.47	47.55

① 台湾“农委会”宣示活化休耕农地计划启动、台湾农业探索，2012，(6)：81.

续表

休耕政策名称	年份	休耕面积	种稻面积
稻米生产及稻田转作后续计划	1990	7.34	45.43
	1991	7.28	42.88
	1992	5.17	39.72
	1993	5.20	39.09
	1994	6.81	36.63
	1995	6.10	36.35
稻米生产及稻田转作延续计划	1996	7.27	34.80
	1997	1.50	20.20
水旱田利用调整计划	1997	4.85	16.22
	1998	8.36	35.84
	1999	11.03	35.31
	2000	12.95	33.99
水旱田利用调整后续计划	2001	13.65	33.22
	2002	16.72	30.70
	2003	19.61	27.21
	2004	23.99	23.74
	2005	21.57	26.91
	2006	22.22	26.32
	2007	22.27	26.02
	2008	21.67	25.23

资料来源：陆云，2010。

从表4-5可知，台湾地区休耕面积和种稻面积呈反向变化。休耕面积不断扩大，2004年后稳定在$20\times10^4\text{hm}^2$以上；而种稻面积呈逐年下降趋势，2003年跌破$30\times10^4\text{hm}^2$，2005年后则维持在$26\times10^4\text{hm}^2$左右。原先短期休耕措施转变为应对加入WTO的长期农业措施，在耕地资源十分有限的台湾地区，大量休耕不仅造成了耕地资源的浪费，还反映出台湾地区民众消费结构的改变及种稻动力的不足。有学者认为，在规划地方休耕面积时，由于无法规范农民的参与意愿，如云林县虎尾镇每年政府预定的休耕面积实际上都无法达到，且耕地常有废耕或农民无法申请休耕的状况发生（尤君庭，2012）。但也有学者指出，台湾地区休耕面积逐年扩大，甚至超过稻作面积，2011年达到$27.7\times10^4\text{hm}^2$（柳婉郁等，2014；郑伟德和黄蔘，2011）。吴荣杰和林益倍（1999）、杨明宪（2007）及陈郁蕙和温芳宜（2001）等的研究显示，台湾地区在稻米市场放开后，稻田休耕比例应介于 5%~25%，而事实上，台湾地区休耕面积长期占耕地总面积的 1/4 左右，甚至更高，很明显，目前台湾地区的休耕比例已逼近上限。

台湾地区也会根据气候、自然灾害情况对休耕规模进行调控，如 2014 年遭遇十年来最为严重的旱情，2015 年上半年苗栗、台中、桃园、新竹及嘉南地区停灌休耕面积逾 4.15×10^{4} hm^{2}，每公顷给予补助 8.5 万元（新台币，下同），为此共投入 30 亿元①。但这种带有“强制”性质的、通过压缩耕作面积减少农业用水量以确保工业用水供给的休耕导致农地实际经营者普遍不满，引发农民和农会的抗议②。由于台湾地区对单个农户申请休耕的面积不设上限，出现了个别大地主坐领休耕补助、耕地利用率低下的现象。为了防止少数大地主荒废农地，坐领补助款，2016 年，台湾地区休耕地增加申请面积上限，单一地主每年最多只可申请 3hm^{2}③。但实际上台湾地区耕地面积超过 3hm^{2} 的农户很少。虽然 2013 年取消连续两期休耕，农民只能申报一期休耕（即一年中有半年休耕、半年耕作，补助减半），可是农户申请到一期休耕后，另一期其实没有耕作，仍然造成全年休耕、耕地荒废的后果，与连续两期休耕无异。因此，从 2016 年起，欲申请休耕的农民，在前两个期作中必须有一期实际耕作，也就是说，未来不能再连续休耕，农政部门也将使用无人机进行空中监控。

4.6.3　休耕成本（直接补贴+绿肥补贴）过大，加重财政压力

台湾地区的休耕奖励措施多元化，包括直接给付、轮作奖励和集团奖励等形式。台湾地区的休耕政策鼓励农民种植绿肥以改善地力，并大力实施涵养水源与生态维护等措施，也鼓励农户将土地租给佃农，由佃农向地主缴纳租金。农民申请休耕补助可分为翻耕及转作两种，翻耕而不种植其他作物，一分地可补助 3000 余元，若转作绿肥作物则可补助 4500 元；对于转作牧草、菱角或特殊作物可补助 2200 元，转作景观作物可补助 5000 元，但景观作物集体栽种面积必须达 10hm^{2} 以上（谢祖光和罗婉瑜，2009）。为鼓励连续休耕农地出租，保障地主每期作每公顷所得 4.5 万元以上，连续出租 3 年以上者，休耕补助提高到 5 万元以上（吴越，2009）。虽然“稻米生产与稻田转作”与“水旱田利用调整”两类政

---

① 台湾农田大面积停灌应对十年来“最严重”旱情 .2015-01-13. [2018-03-11]. http://www.xinhuanet.com/tw/2015-01/13/c_1113980279.htm.

② 抗议休耕政策不当农团提出六大诉求要求“农委会主委”一周内重新协商 . [2018-03-11]. https://www.newsmarket.com.tw/blog/64095/.

③ 打击休耕大户“农委会”新规补助上限三公顷 . [2018-03-11]. https://www.newsmarket.com.tw/blog/81467/.

策在补贴、奖励及给付标准有所不同，但有些原则维持不变，如应维护水利设施以便必要时复耕、休耕财政负担要低于处理稻米过剩的财政负担、鼓励扩大农场的规模经营等。1997年，台湾地区补助休耕每年每公顷每期作4.5万元，一年连续休耕两期每公顷即可获得9万元，1997~2010年，用于休耕补贴的金额就达1027.77亿元①。在取消连续两期休耕前（2013年台湾地区取消连续两期休耕补助，即每公顷9万元，改为1年只能申请一期休耕，最高4.5万元），台湾地区最大的休耕户休耕了29hm²土地，两期休耕补助9万元，每年可领取261万元，5年超过1300万元，高额的休耕补贴加重了台湾地区的财政压力。

4.6.4 休耕的负效应明显

从经济效益的角度，不少国家和地区的休耕多是亏本的，因此有学者认为休耕的直接经济损失是减产的稻作产值（陆云，2010），但如果考虑到减产也是台湾地区农业政策的设定目标之一，则减少不能作为休耕的真正损失。休耕产生的问题更多地在文化和管理方面。例如，伴随着休耕面积的扩大和种稻面积的减少，农业劳动人口也在不断减少，青年劳动力大量流失，农场主年龄快速老龄化，不仅造成稻作经验流失和稻作文化传承困难，也为未来耕地复耕埋下了隐患；而农民疏于对休耕农地的管理，也造成休耕田虫害问题广泛，并对邻近仍在耕作的田地产生不良影响，更有甚者，少数休耕农地转变性质，变为工矿用地，挖掘砂石，毁坏耕地，造成不可逆的严重后果。另外，政府休耕补贴缺乏灵活性和科学性，不能反映土地市场供需变化和区位状况，休耕补贴无形中成为农地租用价格的重要参考，即成为农民出租土地租金的下限，提高了土地租赁价格，在农业经营利润不高的情况下，降低了承租者承租土地的意愿，阻碍了农地规模经营。因为如果土地租金低于休耕补助，小地主宁可休耕领取补助而不愿将土地出租。为提高休耕农地利用效率，激励农民出租休耕农地，台湾地区从2009年起实施休耕活化措施，该政策的奖励金额高于“水旱田利用调整后续计划”的休耕奖励金额。此外，台湾地区以“小地主大佃农”政策建立农地租赁市场，鼓励小地主（农民）将农地长期出租给大佃农（承租人），帮助佃农扩大农地经营规模（陆云，2010；颜爱静，2010）。但由于休耕政策已经推行多年，根植于农户心中，“小地主大佃农”政策收效不大。

台湾地区的休耕政策包括“稻米减产与稻田转作计划”和“水旱田调整利

---

① 为什么农民要抗争？耕地活化却失生计，青农看不见未来．[2018-03-11]．https://www.newsmarket.com.tw/blog/64126/.

用计划”两个阶段性计划，达到了降低稻米供给、维持稻农收入的预期设定目的，但休耕面积过于庞大，降低了农地资源的有效利用，阻碍了休耕土地的规模经营利用，是始料未及的。休耕地的规模经营有利于田间管理、病虫害防治、机械化作业、产品运输和销售、农业保险、灾害救济及基层工作人员田间勘查等工作，对中国的轮作休耕有重要的意义。利用市场机制改革粮食政策和土地制度，是中国未来轮作休耕制度的思考方向。

参考文献

艾春艳，张世秋，陶文娣，等 . 2008. 美国自然保护计划对中国退耕还林后续政策的启示. 林业经济，(2)：70-75.

岸康彦 . 2008. The trial of agri-environmental payment by Fukuoka prefectural government. 农业研究，95-131.

陈玉飞 . 2015. 台湾农地释出政策对国土资源合理开发利用的启示 . 国际城市规划，30（1）：30-36.

陈郁蕙，温芳宜 . 2001. 水旱田利用调整条例之稻田休耕补贴政策分析 . 台湾银行季刊，5（24）：143-158.

陈再添 . 1990. 稻作休耕之执行与检讨 . 台湾农业，26（4）：61-64.

崔向慧，卢琦，褚建民 . 2012. 加拿大土地退化防治政策和措施及其对我国的启示 . 世界林业研究，25（1）：64-68.

丁晓东 . 1996. 澳大利亚的草地轮作制 . 世界农业，(10)：44-45，24.

黄濒仪 . 2003. 台湾地区应因加入世界贸易组织的稻米政策调整 . 中国稻米，(3)：9-11.

黄兴国，王占岐 . 2018. 加拿大农地休耕政策实施现状及启发 . 改革与战略，34（1）：162-166.

拉冯德 G，麦康奇 B，斯塔伯格 M. 2006. 为什么加拿大西部平原和中国西部需要实施保护性耕作制度 . 农村牧区机械化，(1)：41-43.

拉冯德 G，麦康奇 B，斯塔伯格 M，等 . 2008. 加拿大西部平原和中国西部实施保护性耕作制度的对比思考 . 中国农业信息，(10)：4-6.

雷鸣，孔祥斌 . 2017. 水资源约束下的黄淮海平原区土地利用结构优化 . 中国农业资源与区划，38（6）：27-37.

李晗林，周江梅，曾玉荣 . 2015. 台湾农地管理制度经验与启示 . 福建农业学报，30（8）：103-107.

李青 . 2010-06-23. 美国的新农业法案 . 新农村商报，(15).

李庆东 . 2009-09-07. 澳大利亚发展保护性耕作的经验与启示 . 中国农机化导报，(5).

李世东 . 2002. 中外退耕还林还草之比较及其启示 . 世界林业研究，(2)：22-27.

李星婷 . 2016-09-03. 沙漠真能变绿洲吗？重庆日报，(01).

李增宗，陈文聪，黄聪山 . 1997. 水旱田利用调整计划与稻田转作计划之比较 . 农政与农情，(56)：34-40.

李志明 . 1994. 法国的环境保护型农业 . 世界农业，(5)：43-45.
李庆东，李洪文 . 2009. 保护性耕作在澳大利亚的成功实践——农业部赴澳大利亚技术交流考察报告 . 农机科技推广，(9)：48-51.
梁正伟 . 2007. 日本水稻生产和消费现状、问题与启示 . 北方水稻，(1)：70-77.
林德沃尔 W. 2007a. 加拿大草原保护性耕作三十年经验谈 . 农村牧区机械化，(1)：22-26.
林德沃尔 W. 2007b. 加拿大草原保护性耕作三十年经验谈 . 农村牧区机械化，(2)：54-57.
林德沃尔 W. 2007c. 加拿大草原保护性耕作三十年经验谈 . 农村牧区机械化，(3)：41-43.
林德沃尔 W. 2007d. 加拿大草原保护性耕作三十年经验谈 . 农村牧区机械化，(4)：31-35.
刘璨 . 2009-01-05. 欧盟休耕计划保护了乡村的自然环境 . 中国绿色时报，(3).
刘璨 . 2010-06-30. 加拿大土地恢复项目拯救脆弱土地 . 中国绿色时报，(3).
刘璨 . 贺胜年 . 2010-08-18. 日本农田休耕项目——从控制粮食到保护生态环境 . 中国绿色时报，(3).
刘嘉尧，吕志祥 . 2009. 美国土地休耕保护计划及借鉴 . 商业研究，388（8）：140-142.
刘景华 . 2006. 近代欧洲早期农业革命考察 . 史学集刊，(2)：60-66.
柳婉郁，林國慶，施瑩艷 . 2014. 影响私有地主参与自愿性造林契约意愿与补偿额度因素之分析——以台南地区休耕农地为例 . 应用经济论丛，(95)：191-224.
陆云 . 2010. 台湾休耕农地活化利用之经济分析//徐勇，赵永茂 . 土地流转与乡村治理——两岸的研究. 北京：社会科学文献出版社：151-167.
罗超烈，曾福生 . 2015a. 欧盟共同农业政策的演变与经验分析. 世界农业，(4)：69-72，76.
罗超烈，曾福生 . 2015b. 农业与生态环境协调发展：加拿大经验及启示 . 世界农业，(6)：28-31.
农业部课题组 . 2014. 2014 年美国农业法案的主要内容及其对我国的启示 . 农产品市场周刊，(19)：53-60.
潘革平 . 2007-09-28. 粮食供应紧张欧盟暂停休耕 . 经济参考报，(3).
饶静 . 2017-04-01. 管护得当防撂荒补贴到位保权益——发达国家耕地休耕转作的经验与教训 . 中国国土资源报，(6).
覃双眉，李明 . 2015. 澳大利亚甘蔗保护性耕作及可持续性生产 . 世界农业，(3)：131-136.
王长生，王遵义，苏成贵，等 . 2004. 保护性耕作技术的发展现状 . 农业机械学报，(1)：167-169.
王超升 . 1999. 30 年代以来美国粮食政策回顾（上）. 世界农业，(3)：3-5.
王凤阳 . 2014. 21 世纪日本粮食安全政策的调整与趋向研究 . 日本研究，(3)：38-44.
王延好，张肇鲲 . 2004. 保护性耕作在加拿大的研究及现状 . 安徽农学通报，(2)：5-6.
吴荣杰，林益倍 . 1999. 政策调整对台湾稻米生产结构的影响 . 农业经济，(65)：53-87.
吴越 . 2009. 2009 年台湾启动活化休耕田措施——实现鼓励生产与扩大经营规模 . 台湾农业探索，4（8）：24.
相重扬 . 1998. 台湾的农地转移 . 中国农村经济，(1)：70-73.
享耳 . 1998. 美国和澳大利亚的保护性耕作 . 农村机械化，(12)：42.
向青，尹润生 . 2006. 美国环保休耕计划的做法与经验 . 林业经济，(1)：73-78.

肖海峰，李鹏 . 2004. 美国、欧盟和日本粮食生产能力保护体系及其对我国的启示 . 调研世界，(11)：18-20，41.
谢玉梅 . 2013. 美国有机农业发展及其政策效应分析. 农业经济问题，(5)：105-109.
谢祖光，罗婉瑜 . 2009. 从台湾休耕政策谈农地管理领域：农地利用管理//2009 年海峡两岸土地学术研讨会论文集 . 北京：中国土地学会 .
延藤亨弘，温季 . 1988. 日本的土壤侵蚀和土地保护规划 . 中国水土保持，(9)：36-38.
颜爱静 . 2010. 从制度观点评析台湾的“小地主大佃农”政策//徐勇，赵永茂 . 土地流转与乡村治理——两岸的研究. 北京：社会科学文献出版社：168-210.
杨浩然，刘悦，刘合光 . 2013. 中美农业土地制度比较研究 . 经济社会体制比较，(2)：65-75.
杨明宪 . 2007. 政策导向下之台湾稻米经济：计量经济模型分析 . 农业经济，(82)：63-105.
杨庆媛 . 2010. 土地利用变化与碳循环 . 中国土地科学，(10)：7-12.
一岫 . 1997. 台湾农业产业结构调整新动向 . 台湾农业探索，(2)：42.
尤君庭 . 2012. 台湾农地休耕政策现况之研究——以虎尾镇为例 . 台中：中兴大学 .
余瑞先 . 2003. 德国对农民收入的补贴政策 . 农村百事通，(22)：27.
张洪明，余键 . 2014. 欧美国家退耕还林还草实践 . 四川林勘设计，(4)：58-62.
张进 . 2008. 加拿大保护性耕作农业 . 当代农机，(2)：26-28.
张培增，郭海鸿 . 2014. 澳大利亚保护性耕作技术考察印象 . 当代农机，(1)：45-47.
张治，克莱顿 J，林德沃尔 W. 2006. 保护性耕作对加拿大西部地区土壤质量的影响 . 农村牧区机械化，(2)：47-48.
赵将，张蕙杰，黄建，等 . 2017. 美国粮食供给调控与库存管理的政策措施——美国农业法制定过程的经验 . 农业经济问题，38 (8)：95-102，112.
郑伟德 . 2011. 台湾休耕土地利用之模拟研究 . 宜兰：佛光大学 .
郑伟德，黄蓼 . 2011. 盱衡全球粮食安全问题，与时俱进探讨台湾农地利用 . 农业推广文汇，307-317.
中国生态系统研究网络综合研究中心 . 2007. 美国土地休耕计划——兼谈对我国退耕还林还草工程后续政策的启示 . 生态系统研究与管理简报，(3)：1-12.
朱芬萌，冯永忠，杨改河 . 2004. 美国退耕还林工程及其启示 . 世界林业研究，2004 (3)：48-51.
朱立志，方静 . 2004. 德国绿箱政策及相关农业补贴 . 世界农业，(1)：30-32.
朱明德 . 2003. 日本的粮食安全与结构调整 . 粮食问题研究，(3)：29-31.
朱文清 . 2009. 美国休耕保护项目问题研究 . 国外林业经济，(12)：81-83.
朱小丽，张桂兴，李静娟，等 . 2017. 法国绿色农业对我国农业发展的启示 . 中国农业信息，(9)：15-17.
左俊美 . 2016. 日本海外耕地投资空间地域选择研究 . 武汉：华中科技大学 .
Ahn S J，Lee H J，Chung J H，et al. 2006. Environment-friendly managements by paddy-up land rotation cropping systems and restoration technology in fallow farmland. The ASA-CSSA-SSSA International Annual Meetings，11：12-16.
Andrew J P，Ralph A L，Cheng H T. 2001. The supply of land for conservation uses：evidence from

the conservation reserve program. Resources, Conservation and Recycling, 31 (3): 199-215.

Aulakh M S, Rennie D A, Paul E A. 1984. Gaseous Nitrogen losses from soils under zero-tillage as compared with conventionally - tilled management systems. Journal of Environmental Quality, 13 (1): 130-136.

Babcock B A, Lakshminarayan P G, Wu J. 1995. The economic, environmental, and fiscal impacts of a targeted renewal of conservation reserve program contracts, working paper 95-WP 129. Center for Agricultural and Rural Development Publications, Iowa State University, Ames, IA.

Bamière L, Havlík P, Jacquet F, et al. 2011. Farming system modelling for agri-environmental policy design: The case of a spatially non-aggregated allocation of conservation measures. Ecological Economics, 70 (5): 891-899.

Baylis K, Peplow S, Rausser G, et al. 2008. Agri-environmental policies in the EU and United States: A comparison. Ecological Economics, 65 (4): 753-764.

Benbrook C M. 1988. The environment and the 1990 farm bill. Journal of Soil and Water Conservation, (43): 367-370.

Brady M P, Nickerson C J. 2009. A spatial analysis of conservation reserve program participants: the impact of absenteeism on participation decisions. Agricultural and Applied Economics Association Annual Meeting, Milwaukee, WI.

Cason T N, Gangadharan L. 2004. Auction design for voluntary conservation programs. American Journal of Agricultural Economics, 86 (5): 1211-1222.

Claassen R, Cattaneo A, Johansson R. 2008. Cost-effective design of agri-environmental payment programs: U. S. experience in theory and practice. Ecological Economics, 65 (4): 737-752.

Cooper J C. 2001. A joint framework for analysis of agri-environmental payment programs. American Journal of Agricultural Economics, 85 (4): 976-987.

Cross W M, Sandretto C. 1991. Trends in resource protection policies in agriculture, agricultural resources situation and outlook report AR-23. Agricultural Resources Situation and Outlook Report, (23): 42-49.

Crutchfield S R. 1989. Federal farm policy and water quality. Journal of Soil and Water Conservation, (43): 376-378.

Ervin C A. 1989. Implementing the conservation title. Journal of Soil and Water Conservation, (44): 367-370.

Farm Service Agency. 1999. Conservation reserve program sign-up 20 environmental benefits index. Farm Service Agency, 9: 1-6.

Farm Service Agency. 2012. Conservation reserve program sign-up 43 environmental benefits index (EBI). Farm Service Agency, 2: 1-7.

Farm Service Agency. 2015. Conservation reserve program 49th general enrollment period environmental benefits index (EBI). Farm Service Agency, 2: 1-8.

Feather P, Hellerstein D, Hansen L. 1999. Economic valuation of environmental benefits and the targeting of conservation programs: the case of the CRP. Agricultural Economic Report 778. US

Department of Agriculture, Economic Research Service, Washington, DC.

Fraser R. 2002. Moral hazard and risk management in agri-environmental policy. Journal of Agriculture economics, 53 (3): 475-487.

Fraser R. 2012. Moral hazard, targeting and contract duration in agri-environmental policy. Journal of Agricultural Economics, 63 (1): 56-64.

Groier M. 2000. The development, effects and prospects for agricultural environmental policy in Europe. Förderungsdienst, 48 (4): 37-40.

Hanley N, Whitby M, Simpson I. 1999. Assessing the success of agri-environmental policy in the UK. Land use policy, 16 (2): 67-80.

Hellerstein D M. 2017. The US Conservation Reserve Program: the evolution of an enrollment mechanism. Land Use Policy, (63): 601-610.

Jones A. 1991. The impact of the EC's set-aside program: the response of farm businesses in Rendsburg-Eckernförde, Germany. Land Use Policy, 8 (2): 108-124.

Ketcheson J W, 吴榕明 . 1981. 强度耕作与单一耕作对加拿大安大略省南部土壤质量的长期影响 . 土壤学进展, (4): 39-40.

Khanna M, Yang W, Farnsworth R, et al. 2003. Cost-effective targeting of land retirement to improve water quality with endogenous sediment deposition coefficients. American Journal of Agricultural Economics, 85 (3): 538-553.

Kirwan B, Lubowski R N, Roberts M J. 2005. How cost effective are land retirement auctions? estimating the difference between payments and willingness to accept in the Conservation Reserve Program. American Journal of Agricultural Economics, 87 (05): 1239-1247.

Kizos T, Koulouri M, Vakoufaris H, et al. 2010. Preserving characteristics of the agricultural land scape through agri-environmental policies: the case of cultivation terraces in Greece. Land Scape Research, 35 (6): 577-593.

Lee H, Ahn S J, Lee S K, et al. 2006. Paddy-up land rotational cropping and restoration management in fallow farmland. The ASA-CSSA-SSSA International Annual Meetings, 11: 245-260.

Lee L, Goebel J. 1986. Defining erosion potential on cropland: a comparison of the land capability class-subclass system with RKLS/T categories. Journal of Soil and Water Conservation, (41): 41-44.

Leroy H. 2007. Conservation reserve program: environmental benefits update. Agricultural & Resource Economics Review, 36 (2) : 267-280.

Lienhoop N, Brouwer R. 2015. Agri-environmental policy valuation: farmers' contract design preferences for afforestation schemes. Land use Policy, (42): 568-577.

Louhichi K, Kanellopoulos A, Janssen S, et al. 2010. FSSIM, a bio-economic farm model for simulating the response of EU farming systems to agriculture a land environmental policies. Agricultural Systems, 103 (8): 585-597.

Ma S, Swinton S M, Lupi F, et al. 2012. Farmers' willingness to participate in payment for environmental services programmes. Journal of agricultural economics, 63 (3): 604-626.

Megan S. 2017. 美国2014年农业法案对美国土地休耕保护储备计划的影响. 杨恺，译. 世界农业，(2)：162-163，195.

Niu J H，Li S W. 2009. The necessity of fallow farm land and it simple mentation ideas. Agriculture Environment and Development，(2)：27-28.

Ogg C W. 1986. Erodible land and state water quality programs：a linkage. Journal of Soil and Water Conservation，(41)：371-373.

Osborn T. 1997. New CRP criteria enhance environmental gains. Agricultural Outlook，(10)：15-18.

Parks P J，Schorr J P. 1997. Sustaining open space benefits in the northeast：an evaluation of the Conservation Reserve Program. Journal of Environmental Economics & Management，32 (1)：85-94.

Plantinga A J，Alig R，Cheng H T. 2001. The supply of land for conservation uses：evidence from the conservation reserve program. Resources Conservation & Recycling，31 (3)：199-215.

Ralph E H. 2008. 美国以自然资源保护为宗旨的土地休耕经验. 杜群，译. 林业经济，(5)：72-80.

Ren Y J，Li J. 2008. Exploitation and utilization of summer fallow farmland on main river valley areas in Tibet. Agricultural research in the arid Areas，26 (4)：105-108.

Ribaudo M O. 1986. Consideration of offsite impacts in targeting soil conservation programs. Land Economics，62 (4)：402-411.

Ribaudo M O. 2001. Non-point source pollution control in the USA. Environmental Policies for Agricultural Pollution Control，123：123.

Ribaudo M O，Colacicco D，Langner L L，et al. 1990. Natural resources and users benefit from the conservation reserve program：Agricultural Economic Report 627. US Department of Agriculture，Economic Research Service，Washington，D C.

Ribaudo M O，Hoag D L，Smith M E，et al. 2002. Environmental indices and the politics of the Conservation Reserve Program. Ecological Indicators，1 (1)：11-20.

Russell N. 1994. Issues and options for agri-environment policy：an introduction. Land Use Policy，11 (2)：83-87.

Sasaki H. 2005. Analysis about consciousness structures on agri-environmental payment programs in Shiga：an application of structural equation model included WTP. Journal of Rural Planning Association，23 (4)：275-284.

Shang F，Ren S，Yang P，et al. 2015. Effects of different fertilizer and irrigation water types，and dissolved organic matter on soil C and Nmineralizationincrop rotation farmland. Water，Air，& Soil Pollution，226 (12)：1-25.

Steele S R. 2009. Expanding the solution set：organizational economics and agri -environmental policy. Ecological Economics，69 (2)：398-405.

US General Accounting Office. 1989. Farm programs：conservation reserve program could be less costly and more effective. GAO/RCED-90-13，Washington，DC.

Wiebe K，Gollehon N. 2006. Agricultural Resources and Environmental Indicators. EIB-16，USDA-ERS，Washington，DC.

Wu J J. 2005. Slippage Effects of the Conservation Reserve Program: Reply. American Journal of Agricultural Economics, 87 (1) : 251-254.

Zellei A, Gorton M, Lowe P. 2005. Agri-environmental policy systems in transition and preparation for E U membership. Land use Policy, 22 (3): 225-234.

Zilberman D, Lipper L, Mccarthy N. 2006. Putting payments for environmental services in the context of economic development. Working Papers, (31): 9-33.

Zinn J. 2000. Conservation reserve program: status and current issues. congressional research service report 97-673. Congressional Research Service, Washington, DC.

第5章 发达国家和地区轮作休耕制度建设对比与启示[①]

5.1 发达国家和地区轮作休耕制度建设对比

5.1.1 实行轮作休耕制度的背景条件差异明显

上述发达国家和地区实行的是土地私有制，且处于后工业化阶段。但欧美国家人均耕地多于日本和中国台湾地区，即人地矛盾远远小于东亚，农业高度机械化，农业政策回旋余地大。且欧美国家粮食产量大，是粮食出口型国家，如美国是世界上玉米、大豆、小麦等粮食生产大国和出口大国，法国也是小麦出口大国，而日本和中国台湾地区除了大米可以自给外（确保口粮安全），其他粮食需要大量进口，属于进口型。由此可见，粮食安全并非这些国家和地区实行轮作休耕的先决条件，这一点与我们审慎进行轮作休耕明显不同。此外，欧美国家主动进行轮作休耕不存在适应 WTO 规则问题，而中国台湾地区推行休耕的部分原因是因为其在 2002 年加入 WTO 时，被规定此后每年需进口 8% 的稻米，存在外部压力。

5.1.2 目标体系多元，目标主次明显不同

轮作休耕制度的目标构成主要围绕调控农业产能和保护生态环境两个方面。欧美规模农业经济体以保护和改善农业生态环境为其优先目标，并借以实现对农产品数量与质量供给的调控；东亚小规模农业经济体则以调控农业产能为主导，

① 本章内容已作为项目研究阶段性研究成果《欧美及东亚地区耕地轮作休耕制度实践：对比与启示》《中国耕地休耕制度基本框架构建》《美国休耕制度及其对中国耕地休耕制度构建的启示》《英国休耕制度对川渝地区耕作制度改革的启示》分别发表在《中国土地科学》2017 年第 4 期、《中国人口·资源与环境》2017 年第 12 期、《中国农业资源与区划》2018 年第 7 期和《乐山师范学院学报》2016 年第 3 期。

保护农业生态环境为辅。例如，日本 1971 年实施休耕的最初目的是解决粮食剩余（确切地说是稻米剩余）、稳定粮价，只是于 1993 年的《乌拉圭回合农业协定》签订后才新增了休耕的环境目标，即改善生态环境与保护物种多样性；中国台湾地区把休耕作为其加入 WTO 后平衡稻米供需的一种手段。可见，两者的目标主次明显不同。

5.1.3　政策富有弹性，组织管理实施各有侧重

无论是欧美规模农业经济体，还是东亚小规模农业经济体，其轮作休耕政策都具有一定的弹性，其中欧盟最为明显，中国台湾地区也有休耕活化计划。从轮作休耕的组织实施主体来看，欧美国家的组织实施主体职能划分明确。一般由中央政府统筹规划和实施，地方政府和专业技术部门负责具体操作和指导，而农场主或农户则提出诉求、具体实施及领取补偿。与之对照，日本和中国台湾地区轮作休耕的组织主体较为单一，位于中间环节的地方政府和专业技术部门的职能严重弱化或缺失。这与农业生产组织方式有关，欧美是大农场农业，相对容易管理且效率高；东亚小农经济特征突出，管理难度大。

5.1.4　休耕形式多样，补偿机制因地制宜

美国以多年休耕为主，包括无偿休耕和有偿休耕；欧盟有强制性休耕和无强制性休耕（自愿申请）；日本包括轮种休耕、管理休耕和永久性休耕；在中国台湾地区，休耕专指稻米产区，主要是年度休耕。尽管欧美、日本和中国台湾地区都是完全市场经济主体，但补偿机制还是略有差异。美国根据当地土地相对生产率和租金价格确定每一类土地的单位年最高补贴金额；欧盟则要求不同国家和生产区每公顷休耕土地的补贴额度应与当地每公顷作物面积补贴金额相当。而日本和中国台湾地区更贴近传统农业用地养地的策略，其补偿标准主要基于耕地等级和轮作休耕后的具体用途而定，对区域差异、土地生产率及市场租金的考虑不足。

5.1.5　欧美国家多有后期监管，东亚较为缺乏

从轮作休耕制度的整体设计来看，欧美国家较为精细，东亚地区则略显粗糙，尤其是对于休耕地的后期管理利用，欧美建立了相应的监管体系，而东亚地区则相对不足。例如，美国和欧盟要对休耕后耕地质量、生态环境等的变化进行

监测，并组织力量进行土地整治。而日本和中国台湾地区的休耕制度缺乏精确的定量分析、科学的监测和评价机制，如日本对休耕规模缺少控制机制和风险评估，导致休耕面积超出所预设的目标；中国台湾地区由于忽视对休耕地的管护，一些休耕地非但没有实现修复生态目标，反而成为虫、鼠繁殖的温床，对休耕地及邻近的非休耕地区的生态造成破坏，增加了休耕地邻近区域耕地利用及管理的成本。

5.2 欧美及东亚地区轮作休耕制度实践对中国的启示

5.2.1 确保粮食安全和生态文明建设需要合理确定轮作休耕规模

影响轮作休耕规模的因素包括人口规模、人均粮食消费、种植结构、食物结构、农业科技进步等，确定轮作休耕规模是一个难度很大的技术性问题。如果休耕规模太小，耕地就得不到休养生息的机会；如果仅从生态安全角度出发，则生态敏感区或生态脆弱区的耕地都应休耕，但休耕规模太大又会影响区域粮食安全，因此，国家必须在总量上对休耕规模进行控制。日本和中国台湾地区在口粮安全的前提下实行休耕，对我们有重要参考意义。中国虽然粮食总产量实现了多年连增，但考虑到庞大的人口规模及粮食价格、国内外市场的不确定性，应基于粮食安全红线，建立休耕规模预测模型，合理确立轮作休耕规模和布局。

5.2.2 轮作休耕模式的选择充分考虑区域农业资源禀赋和生态环境特点

中国地域辽阔，区域类型多样，自然禀赋、土地利用、经济发展差异明显，实行轮作休耕既不可照搬欧美规模农业经济体的做法，也不可照搬东亚小规模农业经济体的经验。在区域层面，应基于各自的问题导向、资源本底和耕地利用特点，针对性地设计差异化的休耕模式。在生态脆弱区，应推行以保护和改善农业生态环境为优先目标；在粮食主产区，应以调控农业产能为主导目标。在地下水漏斗区应探索实施节水保水型休耕模式，减少耗水量大的作物的种植面积，使地下水位得到逐渐回复；在重金属污染区应探索实施清洁去污型休耕模式，通过采取生物、化学等措施将重金属污染物从耕地中提取出来；在生态严重退化区应探索实行生态修复型休耕模式，使生态系统结构与功能得到恢复。

5.2.3　基于农地基本制度和各利益主体需求确定轮作休耕的组织形式

中国实行土地承包经营制度，这是与发达国家（地区）的土地制度和经营利用方式最大的差别。轮作休耕制度必须与中国农地基本制度（承包经营责任制）及农地利用基本特征（利用细碎化）相适应。中国正在实施的农村土地"三权分置"改革也使得轮作休耕所处的制度环境更为复杂，其利益主体不仅涉及中央政府、各级地方政府及专业机构，还涉及村集体、不同生计类型农户以及各类新型农业经营主体。科学确定这些利益主体及其职能，分类引导，精细管理，对中国顺利实施轮作休耕制度至关重要。尤其在具体实施环节，既要尊重农户的主体地位，又要激发专业大户、家庭农场、农业合作社等新型经营主体的积极性。

5.2.4　以收益平衡和保障农户生计为基础建立和完善补偿标准

欧美市场化的补偿机制和标准尚难适用于中国这样的发展中国家；日本和中国台湾地区在补偿上的做法对我们虽具有参考性，但因人口体量小、问题和风险可控度高，其经验的成熟性和推广性仍值得商榷。为保证轮作休耕中农民收益不降低，中国 2016 年的《试点方案》规定："轮作补助标准。要与不同作物的收益平衡点相衔接，互动调整，保证农民种植收益不降低。""休耕补助标准。要与原有的种植收益相当，不影响农民收入。"不难发现，该补偿机制主要考虑了农户的利益平衡和生计保障，但对于如何调动各类新型经营主体的积极性和奖励措施，还有待于深入探索。

5.2.5　建立健全监测监管体系保障轮作休耕制度有效实施

鉴于中国台湾地区缺乏有效的后期监管而导致的负面影响，我们实行耕地轮作休耕制度应强化后期管理。在休耕试点区域加强土壤环境监测，建立土壤环境信息管理系统；对休耕地利用状况、水土流失、生物量、重金属含量等各类生态环境指标进行实时监测，为耕地资源生态环境保护和产能、功能提升绩效评价提供数据支撑；防止休耕农户为了增加粮食而开发利用未纳入休耕的边际土地，造成新的环境破坏；建立完善处罚机制，对签订了休耕协议却不履行休耕责任的农户进行惩戒。此外，针对中国农业基础设施的短板，在休耕的同时应积极进行土地整治，夯实农业发展基础。

5.3 美国休耕制度对中国的启示

5.3.1 美国休耕立法对我国休耕制度构建的启示

美国是农业大国和农业强国，农业现代化水平名列世界前茅，用法律规范完善休耕制度是一大特色。我国从1949年到20世纪70年代末，虽然通过垦荒扩大了耕地面积，但人口翻了一番，人均耕地面积大幅度下降，提高复种指数成为缓解人口压力的不二选择。土地无序开垦加剧，导致90年代以来沙尘暴、洪水、干旱频发，耕地休耕作为应对环境恶化的重要措施提上了议事日程。我国休耕历史虽然悠久，但是带有很强的自发性。2000年以来所推行的退耕还林、还草虽然是国家层面的自觉政策，但其他形式的休耕仍然是顺其自然的自发行为。我国也是农业大国（但不是农业强国），中央每年的一号文件都会涉农，但由于人多地少的国情，除退耕还林工作外没有休耕的相关规定。据不完全统计，全国每年低效利用的耕地占播种面积的5%左右（罗婷婷和邹学荣，2015），这些耕地不仅处于自发休耕状态，还直接挑战了国家土地规划和用途管制。另外，长期以来我国形成的季休惯性仍然在起作用——长江以北一年一熟、长江以南冬水田制都是半年休耕，两年三熟、一年两熟都具有季休、月休特点，只不过我国尚未将这种休耕上升到政策法规层面。2016年虽然出台了《试点方案》，但仅限于地下水漏斗、重金属污染、生态严重退化等耕地的休耕，不是普遍意义上的休耕，况且仅停留在政策层面而没有上升到法律法规的高度。因此，我国的休耕制度需从以下3个方面加以完善：①建立休耕相关法律法规体系，将休耕作为农业政策和土地管理政策的重要内容，将撂荒、弃耕、闲置等自发式休耕行为上升为国家正式休耕制度安排；②建立完善与休耕相配套的政策，如土地登记制、税收和信用制等，此外还有地方政府粮食生产目标的考核制度改革等；③调整现有的土地产权制度、土地管理制度、退耕还林还草等制度，使之与休耕制度相兼容。

5.3.2 美国休耕的政府补贴及其对我国休耕制度构建的启示

美国2008年《食物、环保及能源法案》规定2008～2012年每年用约300亿美元鼓励农民休耕土地和其他环境保护项目（李青，2010），2014年《食物、农业及就业法案》对农业的财政补贴虽然有所缩减，但补贴力度仍然很大。美国作为农业强国运用财政补贴建立了较为完善、切实可行的休耕制度，对我国农业补贴政策和耕作制度建设有着极其重要的启示。我国也非常重视对农业的补贴，以良种补贴、农业购置补贴、种粮直补、农资综合补贴为典型代表的“四补贴”资金规模从2002年的1亿元增加到2012年的1653亿元[①]；2015年各种补贴总额高达约3450.39亿元[②]，2014年中央财政共安排新一轮退耕还林还草专项资金24.976亿元[③]。构建以经济激励为核心的耕地保护制度是我国耕地保护制度转型的必然趋势（张一鸣，2014）：①借鉴美国联邦和州财政共同补贴的方式将退耕还林资金纳入休耕补贴范围，同时建立撂荒、闲置（开发区一年以上未开发的耕地）、弃耕、补垦与休耕的转换机制——将前者纳入休耕体系，将休耕纳入国土空间规划，以强化激励约束制度——只有进入休耕体系，才能享受政府财政补贴；否则自然资源管理部门将收回撂、闲、弃的耕地使用权或者征收罚款；②实行多元化休耕补贴政策，因地制宜，根据不同区域、不同休耕类型、不同作物制定不同的补贴标准；③建立由中央财政转移支付、地方财政配套的央地结合休耕补贴制度，形成中央与地方休耕财政合理分担机制，促使耕作制度的不断创新。

5.3.3　美国休耕运作模式对我国休耕制度实施的启示

在与休耕制度相关的制度中，除退耕还林、还草政策有较强的计划性外，季休、年休都带有很大的自发性；撂荒、闲置、弃耕、补垦还有很大的随意性。借鉴美国计划与市场相结合的方式：①建议国家出台相关政策，由国土部门统筹研究制定耕地休耕专项规划或计划，明确休耕耕地的规模、分布和休耕时限，强化对休耕定量、定位、定序的“三定”调控；②通过种植结构调整、发展相关产业等市场手段激励耕地承包、撂荒、闲置、弃耕、补垦的责任主体自觉参与休耕，另外，强化土地利用规划等空间性规划和“用途管制”的法律效力，明确“闲置、撂荒、弃耕”的经济责任和法律责任（邹学荣，2014），运用罚款、收回等手段约束责任主体，降低其随意性；③加强休耕项目与土地综合整治、中低产田改造、高标准农田建设、土壤培肥、精准扶贫等项目的统筹力度，协同推进；④休耕的目的是保护和提升耕地地力，应激励农户主动增加对休耕耕地管护

---

① 我国农业补贴政策实现了历史性跨越．2012-09-06．［2018-10-20］．http://www.moa.gov.cn/ztzl/nyfzhjsn/nyhy/201209/t20120906_2922987.htm.

② 2015年国家农业补贴汇总政策大全．2015-05-04．［2018-06-08］．http://dongying.sdxm.gov.cn/art/2015/5/4/art_1969_106108.html.

③ 新一轮退耕还林补助政策：每亩补1500元．2014-10-13．［2018-10-20］．http://www.ntv.cn/a/20141013/55688.shtml.

的投入，提升耕地地力。

当然，我国与美国国情差异很大：美国人均耕地面积为0.70hm^2，我国人均耕地面积不足0.09hm^2，是美国的1/8。据此，有不少国人认为美国休耕制度先进完善的原因是地多、粮食过剩；我国本来耕地就少，全部面积播种都不足以支持食品和工业对粮食的需求，提高复种指数才是我国的不二选择，奢谈休耕是纸上谈兵。我国土地长年过度耕种和复种指数提高导致地力衰退已是不争的事实，全国耕地有机质含量平均水平明显低于欧美国家的水平①。且复种指数高的耕地单产也不高，农民一年复种三季的收益不如两季，“三三见九，不如二五一十”便是生动比喻。我国已将土地休养生息提上议事日程，撂荒、闲置、弃耕、退耕还林又为休耕制度建立提供了现实可能性，将休耕纳入用途管制应作为我国耕作制度改革的新安排。

5.3.4 美国发展有机农业对我国休耕制度重心转移的启示

美国以法律为准绳，以环境效益指数为杠杆，引导业主由消极休耕向积极休耕转化——强化环境治理修复，积极推广高效生态农业模式，建立有机农业体系，对完善中国当前的休耕政策具有很好的启示意义。

中国人多地少，20世纪50年代通过毁林毁草开荒扩大耕地和提高复种指数的方式增加播种面积，以增加粮食供应量。复种指数不断加码，到20世纪90年代末已达到142%（闫慧敏等，2005）。土地过度开发利用的后遗症已经凸显，在全国形成了成片的地下水漏斗区、污染区、生态严重退化区。据有关部门统计，河北衡水形成了面积约4.40×10^4 km^2、中心水位埋深112m的复合型漏斗（白林，2014），主要原因是抽采农业灌溉用水导致地下水过度开发。根据2014年4月发布的《全国土壤污染状况调查公报》，全国土壤总的点位超标率为16.1%，其中，无机污染物超标点位数占全部超标点位数的82.8%；重金属污染点位超标率为21.7%。中国粮食主产区耕地土壤重金属点位超标率为21.49%，自20世纪80年代以来，耕地土壤重金属含量呈增加趋势，整体上点位超标率增加了14.91%（尚二萍等，2018）。根据2018年水土流失动态监测成果，全国水土流失面积273.69×$10^4$$km^2$，沙化土地面积为172.12×$10^4$$km^2$；根据岩溶地区第三次石漠化监测成果，全国岩溶地区现有石漠化土地面积10.07×$10^4$$km^2$②。我国

① 我国土地资源现状.2006-03-07. [2018-10-20]. http://www.igsnrr.ac.cn/kxcb/dlyzykpyd/zybk/tdzy/200603/t20060307-2155208.html.

② 根据生态环境部《2019中国生态环境状况公报》。

土地生态退化虽然与全球变暖等宏观影响因素有关，但更多的是人为原因，如耕地过度使用、牧场过度放牧、山林过度砍伐。为此，我国在 21 世纪初开始出台退耕还林、还草政策，紧接着出台石漠化、荒漠化治理政策；2017 年又出台了《试点方案》，将轮作试点面积扩大到 1000 万亩（$66.67\times10^4 hm^2$），休耕试点面积扩大到 200 万亩（$13.33\times10^4 hm^2$）①。采用轮作休耕制度治理地下水漏斗、重金属污染、生态严重退化不仅是耕作制度的创新，也是耕地环境保护的要求。

在我国正在试点的休耕制度中，除了重金属污染区实行的是积极休耕外，地下水漏斗区和生态退化区实施的基本上都是消极休耕。这种现状必须根本改变，只有“耕地休耕与整治协同推进才能有效提升耕地产能，休耕地的有效管理和合理利用相结合才是耕地休耕制度的根本内涵”（杨庆媛，2017）。建议借鉴美国休耕为发展有机农业提供用地保障的做法，变消极休耕为积极休耕，在恢复地力的同时进行生态修复，为有机农业准备优质土壤。

第一，推行种植制度改革并加大土壤修复技术研发力度助力重金属污染区休耕目标实现。重金属污染区采取的阻控污染源、生物移除、土壤重金属钝化等措施修复治理污染耕地是一种以治理为主的积极休耕。重金属污染区现行的石灰治理与深耕治理相结合的方式收到了较显著的成效，但仍然需要从根本上解决重金属污染问题，建议种植善于吸收重金属分子并将其转化为有机物的灌乔木或者草本植物，同时，研发土壤改良技术，如研制土壤重金属的吸附剂，将土壤中的重金属吸附集中后作钝化处理或移除农业生产区，逐步降低土壤中的重金属含量。

第二，地下水漏斗区采取连续多年季节性休耕的制度，有助于减少地下水的开采，但还必须实行积极休耕。地下水漏斗地区生态治理的核心就是保水，但一定要长保才能从根本上解决水源问题，应采取补水和保水措施双管齐下。建议将新疆的冷杉移植到衡水等漏斗地栽种，据新疆科研部门研究，每株冷杉可长期保住 2～3t 水量，可长期保持地表湿润；也可种植有保水功能的灌木或草类。南水北调缓解补水问题，种植冷杉或灌木、草类以解决保水问题。此外，优化土地利用结构也是缓解地下水位下降的有效途径（雷鸣和孔祥斌，2017）。

第三，生态退化治理既是生态修复的重头戏又是土地修复的节点。生态修复包括土壤修复和植被修复，土壤修复是前提。消极休耕是土地修复的消极手段，与撂荒、弃耕作用相同；积极休耕则要求对土地进行整治，以恢复其耕作功能。退耕还林、还草是已经取得成功的积极手段。建议有计划地对荒漠化实施治理，治理手段以退耕还林、还草和土壤“万象结合约束”（Omni-directional intergrative,

① 2017 年中国耕地轮作休耕试点规模扩大至 1200 万亩. 2017-02-28. [2018-06-12]. http://www.Chinanews.com/cj/2017/02-28/8162022.shtml.

ODI）技术为主，使土壤具备自修复和自调节能力（李星婷，2016），以达到沙漠变绿洲的治理目标。从生态系统类型来看，森林的碳汇功能在整个陆地生态系统中作用举足轻重，因此，石漠化治理应主要采用封山育林、退耕还林、植树造林等手段。生态退化治理首先是通过休耕缓解因过度开发而导致的土壤退化，并将土地整治、退耕还林、生态退化治理纳入休耕体系。通过消极休耕自然修复土地生态，采用积极休耕让漏斗地、重金属污染地、生态退化区恢复耕作功能，确保耕地红线不被突破，维护国家粮食安全。

5.4 英国休耕制度对中国的启示

5.4.1 英国休耕—轮作制对中国耕地制度的启示

英格兰人在公元前后就懂得利用休耕来让田地恢复它们的生产力，认为连续的耕作侵蚀会导致土壤严重衰竭，地力贫瘠，只有让土地得到休养生息——休耕，才能恢复肥力，提高收成（吕立才和熊启泉，2007）。连续耕种必然造成土壤性质的空间变异性继续增大，凸面的侵蚀和凹面的沉积对土壤形成一种典型的耕作侵蚀（孙伟红和劳秀荣，2003）。二圃制的产生，并向三圃、四圃的发展体现了英国古代休耕制度不断完善发展的过程。休耕向轮作的转换则是土地耕作制度的革命与完善。

二圃制是英格兰人最早实施的休耕制度。据《英格兰和威尔士农业史》（*The Agrarian History of England and Wales*）第1卷第1册介绍：二圃制又称两圃制，是大不列颠岛的凯尔特人开始的一种两块大田轮换耕作，即一块耕作、一块休耕——约定俗成的耕作制度；这种制度比较好地保持了土地的肥力，防止了土地的连续利用导致的单产下降。由于一年有一半的土地处于休耕状态，这种制度必然导致土地利用率不高。

三圃制是在5世纪中叶的盎格鲁—撒克逊人渡海带入不列颠的；据塔西陀（G. C. Tacitus）的《日耳曼尼亚志》（*Germania*）和颁布于688～694年的《伊尼法典》（*the laws of Ine*）记载，三圃制是敞田制（open field system）的主要形式。三圃制：第一年种麦子→第二年种豌豆→第三年休耕，以恢复土壤肥力的耕作制度。三圃制相比两圃制，优越性表现在因休耕而闲置的土地由1/2减少到1/3，利用率大大提高。13世纪的沃尔特认为“一个犁队（六或八头公牛）在三圃制下能犁耕180acre土地，而在两圃制下只能犁耕160acre”，耕作效益三圃优于二圃，主张在大不列颠岛推广三圃制。

敞田制作为英国中世纪颇具特色的休耕制度，由二圃、三圃、多圃不断发展完善；这种耕作制度不仅能让土地休养生息、恢复地力，还通过白天放牧，晚上将羊圈在休耕地上——“圈羊积肥”（folding）提高地力（裴幸超，2015）。

轮作制既是传统休耕制的发展，又是一种新型的休耕制度。二圃制每年有1/2的耕地处于撂荒状态，三圃制每年有1/3的耕地因休耕而无收成。17、18世纪之交，在诺福克郡第一年种小麦，第二年种萝卜，第三年种大麦，第四年种三叶草、黑麦等牲畜饲料的四圃轮作制开始流行。轮作制不仅避免了休耕地全休状态，又解决了需要休耕才能解决土壤的肥力积累问题，还为牲畜提高了冬春两季的牧草（刘金源，2014）。这种“诺福克四圃轮作制”实际上是一种不休耕的休耕，是休耕制度的创新。因此，英国农业史专家瑟斯克将“一定年限的草场期引入传统的耕作模式中，使因长期耕作地力下降的耕地得到恢复”的轮作制称为“英格兰（中南部）低地地区……耕作技术的革新”（Thirsk et al.，1981）。这种创新的休耕制度延续至今。

中国西周以来就已经形成了比较完善的休耕体系，公元前16世纪至11世纪实行广种薄收的撂荒制；公元前11世纪至3世纪，休耕制逐步兴起，总耕地中已有1/2～2/3面积休耕；秦汉以后，二圃、三圃的休耕制广泛推广，休耕地减少到总耕地1/3左右；隋唐至明清，农业进一步发展，集约耕作制渐渐增多，复种面积不断增大，全年或多年休耕状态的耕地越来越少，但季休制度在我国很多地方沿袭至今；20世纪50年代以前我国长江以北地区绝大多数实行季休——一年一熟，休半年；长江以南种植两季——土地短时间歇休耕。到20世纪末，由于人口增加，人均土地减少较快，1990年复种指数增加到155.1%，比1952年增长了24.2个百分点，复种面积增加了$29.37\times10^6 hm^2$，近几年又有所飙升，温家宝在全国深化改革严格土地管理工作电视电话会议上的讲话指出，“我国现在耕地复种指数已经很高，很多地区水土条件不匹配”。再加上城镇化对优质地的征收征用，“我国18亿亩耕地中，优等地仅占2.7%，高等地占30%，中、低等地占67.3%，耕地总体质量偏差——有机质含量平均已降到1%，低于欧美国家的2.5%～4%”（罗婷婷和邹学荣，2015）。

英国的休耕、特别是“轮作制”对中国耕作制度改革启示有三点：一是将撂荒、闲置、退耕还林纳入休耕体系，变自发为自觉，实现休耕有机组合；二是根据植物对地力的不同作用，自觉地推广轮作的耕作体系，实现既耕且休——在耕作中让土地休养生息；三是将休耕与土地整治相结合——在休耕中完成土地整理，力争十年内实现基本农田轮休1～1.5年，并全部整治一次，基本建成高标准农田。

5.4.2 英国“耕地—草场—牧地”轮作对中国耕作制度的启示

15～16世纪英国的圈地运动突破了小农经济的传统，也打破了耕地、牧地和休耕地的界限，导致“耕地—草场—牧地”三种方式轮换利用的全新休耕模式出现，并不断发展完善。

这种新型的休耕制度得益于英国的圈地运动。圈地一方面引起大量农民和土地分离，史称“羊吃人”运动；马克思说“资本来到世间，从头到脚，每个毛孔都滴着血和肮脏的东西”，形象地指出了圈地实现资本原始积累的本质；但另一方面也引发了农村经济变革——大农场建立、结构调整、技术和管理水平提高；同时还带来耕作制度的革命——“耕地—草场—牧地”轮换利用的休耕模式应运而生。

中世纪的英国是小农经济的汪洋大海，自耕农、小佃农遍布英伦三岛，敞田制是其典型的耕作制度。新大陆的发现、海外市场的拓展，羊毛纺织成为暴利行业，资本追逐高额利润必然要求畜牧养殖业取代传统种植为主的耕作制度，圈地运动就是适应这一需要而产生的。

通过300多年的圈地运动，英国共有1000万acre耕地被圈占，18世纪《公有地围圈法》颁布后，仅1801～1831年农村居民被圈占土地就超过350万acre。圈地导致土地集中和结构调整——种植业和畜牧业几乎各占50%。到了21世纪初，畜牧业约占2/3，种植业仅占1/5。这种结构调整的最初动因是羊毛的需求量急剧扩张，后来却异化为英国人的食品结构的改变——粮油为主向乳肉为主转化；正是这种转变引起英国敞田制向“耕地—草场—牧地”轮作的革命，也是休耕向不休而休的制度革命。

正是这种休耕制度的革命让农民发现“在……三块圈地中，若有一块因为长期耕种而地力下降，就可以将这块地转为草场，然后开垦以前作为草场或休耕的地。这样一来，它既能连续不断地进行耕作，又可以让地力得到恢复，以少量的肥料获得更高的收成”(Thirsk et al.，1981)。简单说这种轮作的优势在于把原来的休耕变成草场以恢复地力，土地不用原来意义上的休耕方法而达到休耕的效果——是不休而休的耕作制度。

英国“耕地—草场—牧地”的轮作制对我国耕作制度的改革有重大启示：一是借鉴英国通过圈地运动，成功地实现农业结构调整和休耕制度变更的经验，改变以水土保持作为退耕还林、还草实现休耕土地的唯一价值取向的观念，采用林下种植牧草或菇类，将其变更为天然牧场或菇类种植园；以后，如有必要，又将其变更为良田种植粮食，这样既实现了水土保持的功能又实现了不休而休耕——土地休养生息的功能。二是扬弃英国以圈地为原始积累手段对小农的掠夺本质，借鉴圈地杠杆形成大农业体系的做法。责任承包制固然调动了亿万农民的积极性，这一点无可非议，功不可没，但由此形成的土地分散化又成为农业规模化、现代化的阻力。建议中国借集体土地“三权分置”、经营权流转的东风，将闲置、撂荒、弃耕、补垦的土地相对集中起来并纳入轮作体系，引导农村土地经营权有序流转发展农业适度规模经营。三是借鉴英国人通过休耕制度变更形成以奶和肉类为主、葡萄酒和面包为辅的饮食结构——克服单纯退耕还林还草的局限，将其与渔牧业发展紧密结合起来，改变国民的饮食结构——多喝牛奶、多吃肉、多吃鱼、多吃蔬菜、少吃粮食，既提高个体的身体素质，又变革耕作制度。

5.4.3 英国立法支持对中国耕作制度改革的启示

英国是判例法国家的开创者，但在土地权限、休耕、轮作、经营等方面却十分重视立法建设。早在13世纪就颁布了《默顿法令》，规定了圈占公有地和份地是合法的，并明确“耕地—草场—牧地”的轮作制代替敞田制的合法性。18世纪颁布了《公有地围圈法》，明确圈占农民共同使用的公有地，然后据为私有是合法的；伴随土地所有权关系变更是休耕方式由三圃制向耕地变牧场的轮作休耕制度的改进。据统计，英格兰的议会田地法案共有5625个之多（叶明勇，2001）。

第二次世界大战以来，英国制定了一系列与土地有关的法令，1947年修订了《城镇和乡村规划法》，新制定了《新城镇法》《村庄土地法》等10多部与土地有关的法律。这些法律规定各郡制定20年土地利用规划，要求对土地进行调查、分类定级、科学规划；明确规定对公交企业、农业、林业三大用地进行科学规划，肯定了轮作的不休而休的耕作制度，首次提出保护耕地。英国环境部于1981年制定《野生动物、田园地域法》，倡导“科学研究指定地区”，将耕地转为草地和林地，由政府支付补助金；1986年，农渔业粮食部出台的《农业法》，明确“环保农业地区”的补贴政策（乌裕尔，2006）。

英国并不是农业发达的国家，但政府十分重视运用法律手段规范农业的发展。将休耕、轮作、环保都纳入法治轨道，值得中国借鉴。中国每年的一号文件都必然涉农，全面依法治国已提上议事日程，《中华人民共和国土地管理法》明确了规划引领、耕地红线、用途管制等在土地利用领域的权威性，也对改造中、低产田，整治闲散地和废弃地作了规定；2002年国务院颁布《退耕还林条例》，明确了退耕还林条件、耕地还林还草补贴等。但是中国的政策法规却未将休耕或轮作纳入其中，休耕、轮作带有很大的自发性。据不完全统计，全国撂荒地约

$360\times10^4 hm^2$、闲置地约 $1\times10^4 hm^2/a$、弃耕地约 $100\times10^4 hm^2$（罗婷婷和邹学荣，2015），这些土地既不休耕又不耕作，是土地资源的极大浪费。

英国虽然不是农业大国，但是政府注重农业的有序发展，将休耕轮作制度上升到法律层面，促进了英国近百年来农业稳定发展。“人多地少——根本性矛盾”（邹学荣，2014）一直困扰着我国农村的发展；英国人均土地面积也相对较低，但人均农耕或畜牧占地共 0.28 hm^2，是中国 0.08 hm^2 的 3.5 倍（邹学荣，2014）。因此有学者认为英国可以休耕、轮作，中国农业的根本不是休耕的问题，而是提高复种指数的问题，事实上复种指数过高会导致土壤贫瘠提速，单产下降，环境恶化。我国虽然人多地少，但是撂荒、闲置、弃耕的土地多达 $467\times10^4 hm^2$（罗婷婷和邹学荣，2015），1999～2019 年，我国实施退耕还林还草 5.15 亿亩（$3433.33\times10^4 hm^2$）①，安排 5%～10% 的土地休耕是有空间的；建立休耕制度可使土地休养生息，遏制撂荒、闲置的发展，建议自然资源管理部门和农业农村部门在修订农业土地政策、耕作制度时，对耕地休耕给予充分考虑。

借鉴英国通过立法确立土地所有权和耕作制度革新，从制度层面肯定“耕地—草场—牧地”轮作的合法性，建议在修改《中华人民共和国土地管理法》时将“撂荒、闲置”“弃耕”土地纳入休耕体系（罗婷婷和邹学荣，2015），并在国土空间规划中明确用途管制，以促进农村耕作制度改革；建议各地通过立法将休耕轮作制度化，并纳入省、市、县的国土空间规划体系中，有计划地实施休耕轮作制度。

参考文献

白林 . 2014. 河北地下水超采调查：沧州近 40 年地面沉降 2.4 米 . 2014-05-09. [2018-06-20]. http://sc.sina.com.cn/news/z/2014-05-09/1554205716.html.

陈展图，杨庆媛 . 2017. 中国耕地休耕制度基本框架构建. 中国人口 · 资源与环境，27（12）：126-136.

雷鸣，孔祥斌 . 2017. 水资源约束下的黄淮海平原区土地利用结构优化. 中国农业资源与区划，38（6）：27-37.

李青 . 2010-06-23. 美国的新农业法案. 新农村商报，(15).

李星婷 . 2016-09-03. 沙漠真能变绿洲吗?. 重庆日报，(1).

梁昌恒，林友增，杨澤兰，等 . 1983. 冬水田稻鱼萍生态系统的探讨. 西南师范学院学报（自然科学版），(3)：101-109.

刘金源 . 2014. 农业革命与 18 世纪英国经济转型. 中国农史，(1)：76-84.

① 20 年来我国退耕还林还草工程成林面积占全球增绿面积 4% 以上 . 2020-06-30. [2020-07-30]. http://www.forestry.gov.cn/main/435/20200630/093348455605634.html.

吕立才，熊启泉. 2007. 拉丁美洲农业利用外国直接投资的实践及启示. 国际经贸探索，(2)：51-55.

罗婷婷，邹学荣. 2015. 撂荒、弃耕、退耕还林与休耕转换机制谋划. 西部论坛，(3)：40-46.

裴幸超. 2015. 敞田制对中世纪英国农业的影响. 农业考古，(1)：318-321.

尚二萍，许尔琪，张红旗，等. 2018. 中国粮食主产区耕地土壤重金属时空变化与污染源分析. 环境科学，39（10）：4670-4683.

孙伟红，劳秀荣. 2003. 英国对土壤性质、侵蚀及作物生产空间变化的研究. 水土保持科技情报，(1)：4-7.

谭辉旭，周强，罗婷婷. 2014. 三峡库区农村土地流转的政策性建议. 乐山师范学院学报，(4)：104-109.

乌裕尔. 2006-10-23. 英国的土地管制和耕地保护——建设新农村 国外的借鉴之七. 经济日报，(2).

闫慧敏，刘纪远，曹明奎. 2005. 近20年中国耕地复种指数的时空变化. 地理学报，(4)：559-566.

阎建忠. 2018-09-18. 调整我国休耕方式和休耕补助标准. 中国社会科学报，(7).

杨庆媛. 2017. 协同推进土地整治与耕地休养生息. 中国土地，(5)：19-21.

杨庆媛. 2018-09-18. 西南石漠化地区休耕制度建设刍议. 中国社会科学报，(7).

杨庆媛，陈展图，信桂新，等. 2018. 中国耕作制度的历史演变及当前轮作休耕制度的思考. 西部论坛，28（2）：1-8.

叶明勇. 2001. 英国议会圈地及其影响. 武汉大学学报：人文科学版，(2)：192-198.

张一鸣. 2014. 耕地保护制度的转型与对策研究——构建以经济激励为核心的耕地保护. 中国农业资源与区划，35（3）：26-31.

邹学荣. 2014. 我国土地政策面临的矛盾及制度和政策设计. 西南民族大学学报，(10)：209-215.

邹学荣，李娜，杨成理. 2016. 英国休耕制度对川渝地区耕作制度改革的启示. 乐山师范学院学报，31（3）：100-103.

Thirsk J, et al. 1981. The Agrarian History of England and Wales. Cambridge：Cambridge University Press.

第6章　中国探索实行耕地轮作休耕制度试点进展

2015年10月29日，中国共产党第十八届中央委员会第五次全体会议通过《中共中央关于制定国民经济和社会发展第十三个五年规划的建议》，首次明确提出"探索实行耕地轮作休耕制度试点"，标志着耕地轮作休耕上升为国家战略。习近平总书记在《关于〈中共中央关于制定国民经济和社会发展第十三个五年规划的建议〉的说明》中对实行耕地轮作休耕的背景意义、基本要求、区域布局等作出重要指示。其后，2016～2018年中央一号文件、《中华人民共和国国民经济和社会发展第十三个五年规划纲要》、《全国种植业结构调整规划（2016—2020年）》、《国土资源"十三五"规划纲要》等文件和规划均把探索实行轮作休耕制度试点作为推进农业供给侧结构性改革、促进农业可持续发展的重要举措。当前，国家轮作休耕试点和地方自主轮作休耕探索不断向纵深推进。

6.1　中国实行轮作休耕制度的制度基础

第一，中国农地实行家庭承包经营制度，与私有制国家（地区）的土地制度和经营利用方式存在显著差异，因此，中国不能直接套用私有制国家（地区）农场经济实行轮作休耕的经验和做法。土地承包经营权本身是一种不断发展完善的权益，且目前学术界对承包权、经营权的法律属性仍然存在较大分歧（申惠文，2015）。对土地承包经营权认识的分歧必然会传导到轮作休耕的权利主体，一些地方承包地的频繁调整增加了轮作休耕制度的设计成本。轮作休耕制度的实施必须在已完成土地承包经营权确权登记的地区开展，否则，一旦承包经营使用主体发生变更，将会引起权益纠纷。对已经发生土地流转的承包地实行轮作休耕，轮作休耕的补助主体、监督主体、实施主体也需要明晰，尤其是轮作休耕补助的归属。

第二，对轮作休耕制度运行成本要有清晰的预期，并降低制度运行成本。发达国家轮作休耕制度配套政策较为完善，如土地登记制、税收和信用制等，且土地数字化管理走在世界前列，而我国相应的制度并未完全建立起来。家庭承包、土地细碎、小农经济必然会增加轮作休耕制度的运行和监督成本，实施同等面积的轮作休耕（如 200hm^2），欧美国家可能仅涉及几户，而中国可能需要跟数百户农户进行谈判。由于牵涉的农户太多，且每户拥有的地块数量、面积大小、具体位置等差异太大，监督农户的休耕行为也将成为巨大的难题。我国在实行“退耕还林”“退牧还草”过程中，就遇到制度运行成本高和效率低的问题，如“退牧还草”期间三江源区 51.9% 的家庭草场存在返牧现象（李芬等，2015）。因此，基于耕地细碎化和小农经济的现实国情设计轮作休耕制度，才能降低制度运行成本和监督成本，提高运行效率。

中国的轮作休耕制度要与其农地基本制度（家庭承包经营制）及农地利用基本特征（利用细碎化）相适应。此外，轮作休耕制度作为中国耕地保护制度的重要组成部分，需与现行的耕地保护制度（如土地用途管制、基本农田保护、退耕还林还草等）相兼容。

6.2　耕地轮作休耕制度试点总体情况

2016 年 6 月国家颁布的《试点方案》对中国实行轮作休耕的背景、意义进行了详细说明，明确了实行轮作休耕制度的指导思想、基本原则、试点区域、技术路径、补助标准和方式，提出力争用 3 ~ 5 年时间，达到初步建立耕地轮作休耕的组织方式和政策体系，集成推广种地养地和综合治理相结合的生产技术模式，探索形成轮作休耕与调节粮食等主要农产品供求余缺的互动关系的目标。《试点方案》的实施有力地促进了中国轮作休耕工作走向组织化、制度化、规范化，同时，还要求根据农业结构调整、国家财力和粮食供求状况，适时研究扩大试点规模。2016 年中国轮作休耕试点面积为 616 万亩（41.07×10^4hm^2），其中，轮作 500 万亩（33.33×10^4hm^2），休耕 116 万亩（7.73×10^4hm^2）；2019 年轮作休耕试点面积扩大到 3000 万亩（200×10^4hm^2），其中轮作 2500 万亩（166.67×10^4hm^2），休耕 500 万亩（33.33×10^4hm^2）①。

6.2.1　轮作制度试点总体情况

根据国家 2016 年《试点方案》的部署，重点在东北冷凉区、北方农牧交错区等地开展轮作试点，面积 500 万亩（33.33×10^4hm^2），其中，内蒙古自治区

① 参见《农业农村部 财政部关于做好 2019 年耕地轮作休耕制度试点工作的通知》（农农发〔2019〕2 号）。

100 万亩（$6.67\times10^4hm^2$）、辽宁省 50 万亩（$3.33\times10^4hm^2$）、吉林省 100 万亩（$6.67\times10^4hm^2$）、黑龙江省 250 万亩（$16.66\times10^4hm^2$）。推广“一主四辅”种植模式，“一主”是指实行玉米与大豆轮作，发挥大豆根瘤菌的固氮养地作用，提高土壤肥力，增加优质食用大豆供给。“四辅”是指实行以下四种形式的轮作：①实行玉米与马铃薯等薯类轮作，改变重迎茬，减轻土传病虫害，改善土壤物理和养分结构；②实行籽粒玉米与青贮玉米、苜蓿、草木樨、黑麦草、饲用油菜等饲草作物轮作，以养带种、以种促养，满足草食畜牧业发展需要；③实行玉米与谷子、高粱、燕麦、红小豆等耐旱耐瘠薄的杂粮杂豆轮作，减少灌溉用水，满足多元化消费需求；④实行玉米与花生、向日葵、油用牡丹等油料作物轮作，增加食用植物油供给。轮作的补助标准为 2250 元/（$hm^2\cdot a$）。

6.2.2 休耕制度试点总体情况

根据国家2016 年《试点方案》的部署，重点在地下水漏斗区、重金属污染区和生态严重退化地区开展休耕试点。具体试点情况如下。

（1）地下水漏斗区主要在严重干旱缺水的河北省黑龙港地区（沧州、衡水、邢台等市），实施连续多年的季节性休耕，面积 100 万亩（$6.67\times10^4hm^2$）。实行“一季休耕、一季雨养”，即对需抽水灌溉的冬小麦实行休耕，只种植雨热同季的春玉米、马铃薯和耐旱耐瘠薄的杂粮杂豆，减少地下水用量。季节性休耕试点补助标准为每年每亩 500 元［7500 元/($hm^2\cdot a$)］。

（2）重金属污染区主要在湖南省长株潭的重度污染区，推广连年休耕，面积 10 万亩（$6700hm^2$）。在建立防护隔离带、阻控污染源的同时，采取施用石灰、翻耕、种植绿肥等农艺措施，以及生物移除、土壤重金属钝化等措施，修复治理污染耕地。连续多年实施休耕，休耕期间，优先种植生物量高、吸收积累作用强的植物，不改变耕地性质。全年休耕试点补助标准为每年每亩 1300 元［19 500元/($hm^2\cdot a$)］（含治理费用）。

（3）生态严重退化区主要在西南石漠化区和西北生态退化区，实施连年休耕。其中，西南地区面积4 万亩（其中，贵州省 2 万亩、云南省 2 万亩）、西北（甘肃省）面积2 万亩。在西南石漠化地区，选择 25°以下坡耕地和瘠薄地的两季作物区，连续休耕 3 年，补助标准为每年每亩 1000 元。在西北生态严重退化地区，选择干旱缺水、土壤沙化、盐渍化严重的一季作物区，连续休耕 3 年，补助标准为每年每亩 600 元。要求调整种植结构，改种防风固沙、涵养水分、保护耕作层的植物，同时减少农事活动，改善生态环境。

2017 年，在 2016 年试点的基础上，国家实行轮作休耕试点的省份没有变化，但试点规模扩大到 1200 万亩，其中，轮作面积扩大到 1000 万亩，休耕面积扩大到 200 万亩[①]。

2018 年，国家实行轮作休耕试点规模进一步扩大，比 2017 年翻了一番，总规模达到 2400 万亩[②]，试点区域由 9 省区扩大到 12 省区。其中轮作总面积 2000 万亩，在东北 4 省区的基础上，新增长江流域的江苏、江西两省的小麦稻谷低质低效区，鼓励开展稻油、稻菜、稻肥轮作；休耕总面积 400 万亩，在地下水漏斗区、重金属污染区、生态严重退化地区的基础上，新增塔里木河流域地下水超采区开展冬小麦休耕、黑龙江寒地井灌稻地下水超采区开展水稻休耕。同时，安排相关地区自行开展轮作休耕试点面积 600 万亩。2018 年我国耕地轮作休耕制度试点规模总计达到 300 万亩[①]。

根据《农业农村部 财政部关于做好 2019 年耕地轮作休耕制度试点工作的通知》（农农发〔2019〕2 号），2019 年，中国实施耕地轮作休耕制度试点面积 3000 万亩。其中，轮作试点面积 2500 万亩，主要在东北冷凉区、北方农牧交错区、黄淮海地区和长江流域的大豆、花生、油菜产区实施；休耕试点面积 500 万亩，主要在地下水超采区、重金属污染区、西南石漠化区、西北生态严重退化地区实施。2016～2020 年中国轮作休耕试点的面积及区域见表 6-1。

表 6-1　国家轮作休耕试点面积及区域安排一览表

年份	总面积	分省区面积
2016	616 万亩，其中轮作 500 万亩，休耕 116 万亩	轮作：黑龙江（250 万亩）、内蒙古（100 万亩）、吉林（100 万亩）、辽宁（50 万亩）； 休耕：河北（100 万亩）、湖南（10 万亩）、云南（2 万亩）、贵州（2 万亩）、甘肃（2 万亩）
2017	1200 万亩，其中轮作 1000 万亩，休耕 200 万亩	轮作：黑龙江（500 万亩）、内蒙古（200 万亩）、吉林（200 万亩）、辽宁（100 万亩）； 休耕：河北（120 万亩）、湖南（20 万亩）、云南（20 万亩）、贵州（20 万亩）、甘肃（20 万亩）
2018	2400 万亩，其中轮作 2000 万亩，休耕 400 万亩	轮作：黑龙江（1150 万亩）、内蒙古（500 万亩）、吉林（200 万亩）、辽宁（100 万亩）、江西（25 万亩）、江苏（25 万亩）； 休耕：湖南（30 万亩）、云南（20 万亩）、贵州（20 万亩）、甘肃（20 万亩）、黑龙江省（140 万亩）、新疆（10 万亩）、河北（160 万亩）

① 2017 年中国耕地轮作休耕试点规模扩大至 1200 万亩 . 2017-02-28. [2018-10-11]. http://www.chinanews.com/cj/2017/02-28/8162022.shtml.

② 2018 年我国轮作休耕制度试点规模将扩大一倍 . 2017-12-19. [2018-10-11]. http://www.gov.cn/xinwen/2017-12/29/content_5251646.htm.

续表

年份	总面积	分省区面积
2019	3000万亩，其中轮作2500万亩，休耕500万亩	轮作：河北（20万亩）、内蒙古（500万亩）、辽宁（50万亩）、吉林（150万亩）、黑龙江（1100万亩，含农垦）、江苏（25万亩）、安徽（50万亩）、江西（25万亩）、山东（50万亩）、河南（50万亩）、湖北（140万亩）、湖南（140万亩）、四川（200万亩）； 休耕：河北（200万亩）、黑龙江省（200万亩，含农垦）、湖南（20万亩）、贵州（18万亩）、云南（18万亩）、甘肃（28万亩）、新疆（16万亩）
2020	5000万亩以上	—

数据来源：根据国家及各省公布的轮作休耕试点方案和政策整理。河北省2017年国家休耕试点面积120万亩，加上河北省自主实施的80万亩总计达200万亩。

6.3 国家轮作休耕制度试点进展

6.3.1 国家轮作制度试点区域及主要内容

2016年、2017年国家在内蒙古、黑龙江、吉林、辽宁进行轮作试点，总面积分别为500万亩和1000万亩；2018年新增江苏和江西两省，总面积达2000万亩（表6-2）。

表6-2 国家轮作试点区域面积及主要内容 （单位：万亩）

地区	面积			试点主要内容
	2016年	2017年	2018年	
内蒙古	100	200	500	主要在高纬度冷凉区、农牧交错区和严重干旱区开展。技术路径为“一主多辅”：“一主”指实行玉米与大豆轮作；“多辅”指实行玉米与马铃薯、小麦、油料、杂粮杂豆、青贮玉米、苜蓿、饲用燕麦等作物轮作
黑龙江	250	500	1150	轮作：推广“一主多辅”种植模式，以玉米与大豆轮作为主，与杂粮杂豆、蔬菜、薯类、饲草、油料作物、汉麻等轮作为辅
吉林	100	200	200	优先支持比较优势突出的区域和产品，重点发展玉米和大豆轮作，统筹兼顾马铃薯、杂粮、油料等作物轮作。与现代农业示范区建设、农业可持续发展试验示范区建设和扶贫重点县相结合

续表

地区	面积			试点主要内容
	2016 年	2017 年	2018 年	
辽宁	50	100	100	因地制宜推广符合当地实际的轮作模式。一是实行玉米与大豆轮作，二是实行玉米与马铃薯等薯类轮作，三是实行籽粒玉米与青贮玉米、苜蓿、黑麦草、饲用油草等饲草作物轮作，四是实行玉米与谷子、高粱、燕麦、红小豆等耐旱耐瘠薄的杂粮杂豆轮作，五是实行玉米与花生、向日葵、油用牡丹等油料作物轮作
江苏	—	—	25	在淮南冬小麦低质低效区、淮北夏玉米旱作区实施，分别实行稻肥、稻油、稻菜等轮作，玉米与豆类、油料、薯类、杂粮等轮作。每县（市、区）试点规模一般不少于 3333.33hm^2（5 万亩），在中央财政补助标准［150 元/(亩·a)］的基础上，省级财政每亩再补助 50 元左右
江西	—	—	25	在双季稻低质低效区域，适当调减早稻种植面积，推广“一季优质稻+油菜”水旱轮作种植模式，结合休闲农业产业推进，挖掘油菜“花用”功能，推进油菜花休闲观光产业发展
合计	500	1000	2000	

注：“—”表示当年没有纳入国家试点；黑龙江省 2016 年、2017 年只有轮作试点，2018 年同时进行轮作、休耕试点。

1. 内蒙古自治区

2016 年国家《试点方案》将内蒙古的轮作规模确定为 100 万亩；2017 年，轮作试点面积达到 200 万亩，主要在高纬度冷凉区、农牧交错区和严重干旱区，其中延续了 2016 年的 100 万亩，新增 100 万亩，共涉及 11 个盟市 33 个旗县、2 个农场局（表 6-3）。技术路径也由“一主三辅”改为“一主多辅”：“一主”指实行玉米与大豆轮作；“多辅”指实行玉米与马铃薯、小麦、油料作物、杂粮杂豆、青贮玉米、苜蓿、饲用燕麦等作物轮作。2017 年轮作任务中，呼伦贝尔市、兴安盟以玉米—大豆轮作为主，实施面积 90 万亩（6×10^4hm^2），锡林郭勒盟、乌兰察布市、呼和浩特市以玉米—马铃薯轮作为主，实施面积 30 万亩（2×10^4hm^2），赤峰市、通辽市以玉米—杂粮杂豆轮作为主，实施面积 50 万亩（3.33×10^4hm^2），巴彦淖尔市、鄂尔多斯市、包头市以玉米—油料作物轮作为主，实施面积 25 万亩（1.67×10^4hm^2）。2018 年，农业农村部新增内蒙古耕地轮作制度试点任务 300 万亩（20×10^4hm^2），内蒙古择优选了 8 个旗县承担新增的 300 万亩（20×10^4hm^2）轮作任务（李昊和马晓刚，

2018)，即2018年内蒙古轮作试点面积达500万亩（$33.33\times10^4 hm^2$）①，2019年保持2018年的规模。根据《2017年内蒙古自治区耕地轮作试点工作技术指导意见》，“一主多辅”的实施区域和技术路径如表6-3所示。

表6-3　2017年内蒙古各地轮作面积和技术路径　（单位：万亩）

<table>
<tr><th>轮作试点区域</th><th>轮作试点面积</th><th colspan="2">主要技术路径</th></tr>
<tr><td>呼伦贝尔市</td><td>65</td><td rowspan="2">以玉米—大豆轮作为主</td><td rowspan="11">部分为玉米—其他作物轮作</td></tr>
<tr><td>兴安盟</td><td>25</td></tr>
<tr><td>锡林郭勒盟</td><td>10</td><td rowspan="3">以玉米—马铃薯轮作为主</td></tr>
<tr><td>乌兰察布市</td><td>15</td></tr>
<tr><td>呼和浩特市</td><td>5</td></tr>
<tr><td>赤峰市</td><td>10</td><td rowspan="2">以玉米—杂粮杂豆轮作为主</td></tr>
<tr><td>通辽市</td><td>40</td></tr>
<tr><td>巴彦淖尔市</td><td>10</td><td rowspan="3">以玉米—油料作物轮作为主</td></tr>
<tr><td>鄂尔多斯市</td><td>10</td></tr>
<tr><td>包头市</td><td>5</td></tr>
<tr><td>阿拉善盟</td><td>5</td><td>—</td></tr>
<tr><td>合计</td><td>200</td><td colspan="2"></td></tr>
</table>

注：未查询到阿拉善盟的主要技术路径。

1）玉米与大豆轮作

适宜高纬度冷凉区，主要包括呼伦贝尔市、兴安盟、通辽市、赤峰市等，该四盟市是大豆的优势主产区。在高纬度、高海拔地区压减玉米种植面积，扩大大豆种植面积，重点推广玉米—大豆轮作，玉米种植面积尽可能控制在40%以下。建立玉米、大豆和其他作物三年以上合理轮作制度，充分发挥规模化和机械化优势，实现用地养地、藏粮于地、各作物均衡增产，确保国家粮食安全和农业生产可持续。

2）玉米与马铃薯轮作

适宜阴山沿麓地区，主要包括乌兰察布市、锡林郭勒盟、呼和浩特市、包头市。阴山沿麓地区处于内蒙古高原南部，属于温带大陆性气候，以沙壤土为主，非常适宜马铃薯生长，是脱毒种薯、优质商品薯和加工薯的优势产区。通过调整种植结构，因地制宜扩大马铃薯种植面积，实行轮作倒茬，重点发展马铃薯—玉

① 内蒙古区分行传统农贷服务地方经济建设.2018-08-22.［2018-09-13］. http://www.chinapost.com.cn/html1/report/18084/7182-1.htm.

米等作物的隔年轮作或隔两年轮作。对推进种植业转方式、调结构，促进“镰刀弯”地区玉米结构调整、轮作倒茬、土壤培肥、提高光热资源利用率等方面意义重大。

3）玉米与向日葵轮作

适宜河套、土默川灌区的巴彦淖尔市、鄂尔多斯市、包头市、呼和浩特市、阿拉善盟等。在内蒙古河套、土默川灌区，逐步淘汰大水漫灌式的高耗水型玉米种植，发展玉米与向日葵等低耗水油料作物轮作。

4）玉米与杂粮轮作

适宜旱作地区，主要包括呼伦贝尔市、兴安盟、通辽市、赤峰市、呼和浩特市、包头市、鄂尔多斯市等。选择降水量在 350mm 以上、地势平缓、土壤肥力中等以上的地块进行玉米—杂粮合理轮作，减少病害发生，提升地力。轮作周期在三年以上。

5）玉米与小麦轮作

适宜河套灌区、土默川平原灌区。河套、土默川平原灌区小麦种植区是国家和内蒙古重要的商品粮生产基地。该区域土地肥沃、农田水利基础设施条件好、积温高、光照条件好，是内蒙古小麦单产水平最高的地区。但该区域存在因大水漫灌模式造成水资源利用率低、化肥使用过量造成土壤板结等问题。因此，应逐步减少以大水漫灌为特征的高耗水型玉米种植，实行用地与养地相结合，重点推广玉米—小麦等作物的轮作栽培模式。

6）马铃薯与大豆轮作

适宜高纬度冷凉区，主要包括呼伦贝尔市、兴安盟、通辽市、赤峰市等。该地区是大豆的优势主产区，在高纬度、高海拔地区适度增加马铃薯种植面积，重点推广马铃薯—大豆轮作，建立马铃薯、大豆和其他作物三年以上合理轮作制度。充分发挥规模化和机械化优势，实现用地养地、藏粮于地、均衡增产、稳定增收，实现农业生产健康持续发展。

7）马铃薯与小麦轮作

适宜乌兰察布市、锡林郭勒盟、呼和浩特市、包头市、鄂尔多斯市。该地区十分适合马铃薯生长，通过调整种植结构，因地制宜扩大马铃薯种植面积，升级完善马铃薯全程机械化技术，培肥地力，改善生产条件，防治土传病害，提高马铃薯品质。

为了推动和规范耕地轮作试点，内蒙古自治区制定了《内蒙古自治区探索实行耕地轮作制度试点方案的通知》（内农牧种植发〔2016〕50 号、《内蒙古自治区 2017 年耕地轮作制度试点工作方案》（内农牧种植发〔2017〕66 号）、《2019 年内蒙古耕地轮作制度试点工作实施方案》（内农牧种植发〔2019〕145 号）等方案，此外，还制定了一系列的制度保障，如《内蒙古耕地轮作制度试点考核办法》、《内蒙古自治区轮作区域耕地质量监测方案》（内农牧种植发〔2016〕352号）、《2017年内蒙古自治区耕地轮作试点工作技术指导意见》等，保障轮作制度试点顺利进行。

2. 黑龙江省

2016年和2017年黑龙江仅承担国家轮作试点任务，2018年起则同时承担轮作和休耕试点任务，试点面积由2016年的250万亩增加到2019年的1300万亩。其中，轮作试点面积由2016年的250万亩增加到2018年的1150万亩再下调至2019年的1100万亩，休耕由2018年的140万亩上调至2019年的200万亩，黑龙江是中国轮作休耕试点面积最大的省份，包括各市县农村承包耕地和农垦局国有农场（省农垦总局自行制定实施方案并组织实施）耕地。黑龙江的休耕试点范围主要是寒地井灌稻地下水超采区。2016～2019年黑龙江省轮作休耕试点的具体情况见表6-4和表6-5。

表6-4　黑龙江省国家轮作休耕试点情况　　（单位：万亩）

年份	轮作/休耕	农村农户承包耕地	农垦局国有农场耕地	合计
2016	轮作	190	60	250
2017	轮作	440（新增250）	60	500
2018	轮作	940（新增500）	210（新增150）	1150
	休耕	100	40	140
2019	轮作	—	—	1100
	休耕	—	—	200

表6-5　黑龙江省国家轮作休耕试点面积分布　　（单位：万亩）

行政区	2018年轮作试点面积	其中			2018年休耕试点面积
		2016年轮作试点面积	2017年新增轮作试点面积	2018年新增轮作试点面积	
齐齐哈尔市	262.52	—	70.00	192.52	28.37
绥化市	130.15	—	81.00	49.17	3.88
鹤岗市	19.60	—	8.00	11.60	3.76
伊春市	10.26	4.00	2.64	3.62	—
双鸭山市	39.19	—	26.84	12.35	10.11

续表

行政区	2018年轮作试点面积	其中			2018年休耕试点面积
		2016年轮作试点面积	2017年新增轮作试点面积	2018年新增轮作试点面积	
黑河市	253.04	186.00	0.52	66.52	2.00
佳木斯市	128.13	—	61.00	67.14	41.12
七台河市	5.16	—	—	5.16	—
大庆市	56.28	—	—	56.28	2.16
哈尔滨市	7.29	—	—	7.26	1.36
鸡西市	28.38	—	—	28.38	7.10
牡丹江市	—	—	—	—	0.14
省农垦总局	210.00	60.00	—	150.00	40.00
全省合计	1150.00	250.00	250.00	650.00	140.00

注："—"表示没有参与轮作/休耕试点。

资料来源：《关于印发全省2018年耕地轮作休耕试点实施方案的通知》（黑农委联发〔2018〕53号）。

2016年实行轮作休耕的基本原则为：一是实行集中推进，二是因地制宜，三是尊重农民意愿，四是稳定农民收益，五是坚持公平公正。力争用3～5年时间，初步建立耕地轮作组织方式和政策体系，探索建立一批有利于改良土壤、培肥地力、种地养地相结合、提高农业产出效益的轮作生产技术模式，探索出一批可推广可复制的耕地轮作制度。试点在黑龙江省北部第四、第五积温区冷凉区县（市、区）和农场等传统大豆主产区开展。探索建立米豆麦、米豆薯、米豆杂（杂粮）、米豆饲（饲草）等多种轮作种植模式，改善土壤物理和养分结构，避免重迎茬，减轻土传病虫害，提高土地产出率和产品优质率。并对补助程序和保障措施做了十分详细的规定。轮作试点一经确定三年不变，参加试点的农户需与乡镇政府签订为期三年的轮作协议，补贴标准为每年每亩150元。

2018年则把基本原则调整为：一是巩固提升产能，保障国家粮食安全；二是加强政策引导，调动农民积极性；三是突出问题导向，分区分类施策；四是尊重农民意愿，稳妥有序实施；五是实行精准管理，提升试点水平。全省实施耕地轮作休耕制度试点面积达1290万亩，目标是通过连续几年制度化常态化实施，力争实现耕地轮作休耕制度试点"三个全覆盖"：即对第四、第五积温带轮作全覆盖、对供需矛盾突出的大宗作物品种试点全覆盖、对集中实施区域内的种植大户、家庭农场等新型经营主体全覆盖。具体而言，轮作休耕试点面积、区域分布及技术路径如下：①2018年农村承包耕地新增500万亩耕地轮作试点任务，以第

三、第四、第五积温带为主，兼顾其他积温带。以县（市、区）为单位，最低实施面积不小于10 000亩，且要集中连片，鼓励以县（市、区）为单位整建制推进。2018年新落实的轮作试点推广“一主多辅”种植模式，以玉米与大豆轮作为主，与杂粮杂豆、蔬菜、薯类、饲草、油料作物、汉麻等轮作为辅。鼓励麦豆轮作，大力提倡“三三制”轮作，允许实行“二二制”轮作，形成合理的轮作模式，基本改变以玉米为主的连作、重迎茬状况。②2018年农村承包耕地新增100万亩水稻休耕试点，以三江平原第三、第四积温带井灌稻区为重点，并适度兼顾其他积温带渴水及低洼易涝稻田地区，水稻休耕试点补贴标准为每年每亩500元。以县（市、区）为单位，最低实施面积不小于500亩，且要集中连片，鼓励水稻休耕试点以乡镇或行政村为单位，集中连片整建制推进，确保有成效、可持续。水稻休耕试点一个周期三年，年际休耕地块可以在同一区域内动态调整。要求稻田休耕期间加强地力保护和管理，鼓励深耕深松、种植苜蓿或油菜等肥田养地作物（非粮食作物），提升耕地质量，力争地下水下降势头有效遏制，粳稻过剩状况得到改善。

3. 吉林省

吉林省是国家首批耕地轮作制度试点省。2016年农业部在东北四省区开展“米改豆”试点和轮作试点启动工作，以促进农业可持续发展，实行种地和养地相结合。2016年，吉林省以延边朝鲜族自治州、吉林市、白山市为重点区域，选择6个县落实“一主四辅”的种植模式，开展“米改豆”试点100万亩($6.67\times10^4 hm^2$)[①]。其中，“一主”就是以籽粒玉米与大豆轮作为主，发挥大豆根瘤菌固氮养地作用，提高土壤肥力，增加大豆供给。“四辅”分别是：①籽粒玉米与马铃薯等薯类轮作，减轻土传病虫害（晚疫病），改善土壤物理结构和养分结构；②籽粒玉米与饲草轮作，按照以养定种、以种促养的原则，实行籽粒玉米与青贮玉米、苜蓿等饲草作物轮作，满足草食畜牧业发展的需要；③籽粒玉米与杂粮杂豆轮作，实行籽粒玉米与绿豆、高粱、燕麦等耗水量低的耐旱耐瘠薄作物轮作，减少灌溉用水，满足多元化消费需求；④籽粒玉米与油料作物轮作，实行玉米与花生、向日葵等油料作物轮作。吉林省计划用3～5年时间，初步建立耕地轮作的组织方式和政策体系，集成推广种地养地相互结合的生产技术模式，探索形成可持续的轮作与粮食生产协调发展的耕作制度（郭东波，2017）。2017年，吉林省扩大轮作规模，在14个县（市）推广耕地轮作制度试点面积200万

① 加快率先实现农业现代化步伐——2016年吉林省推进种植业结构调整综述. 2017-01-03. [2018-04-09]. http://jltf.cn/view.asp?id=976.

亩（$13.33\times10^4 hm^2$），2019年调整为150万亩（$10\times10^4 hm^2$）。轮作试点均按照每年每亩150元的标准进行补助。

吉林省优先支持比较优势突出的区域和产品实施耕地轮作制度试点，重点发展玉米和大豆轮作，统筹兼顾马铃薯、杂粮、油料等作物轮作。以东部冷凉区为重点，兼顾中部和西部，在全省东、中、西部不同生态区探索用地养地结合模式。同时与现代农业示范区建设、农业可持续发展试验示范区建设和扶贫重点县相结合，发挥耕地轮作对推进生态建设、保护黑土地的综合作用。鼓励以乡、村为单元，集中连片推进，重点支持农业产业化龙头企业、农民合作社、家庭农（牧）场开展轮作制度试点，确保有成效、可持续。逐步探索建立与生产发展相协调、与资源禀赋相匹配、与市场需求相适应的粮豆轮作、粮经轮作等耕地轮作模式，推进耕地休养生息①。

4. 辽宁省

辽宁省是国家首批耕地轮作制度试点省，2016年开展执行轮作试点任务，当年轮作试点50万亩（$3.33\times10^4 hm^2$）。2017年6月22日，辽宁省农村经济委员会出台了《2017年辽宁省耕地轮作制度试点实施方案》，提出“围绕重点区域，优化种植结构；突出轮作重点，探索轮作模式；加强政策扶持，稳定农民收益；尊重农民意愿，稳妥有序推进；实施精准管理，提升试点水平”5条基本原则。其主要目标为：力争用3～5年时间，初步建立耕地轮作组织方式和政策体系，集成推广种地养地相结合的生产技术模式，探索形成轮作与调节粮食等主要农产品供求余缺的互动关系。

为便于跟踪监测轮作对耕地地力提升和生态环境保护作用，试点区域保持相对稳定，承担试点任务的地块原则上“一定三年”不变。辽宁省于2016年、2017年先后确定6个市的21个县（市、区）开展耕地轮作试点，2017年实施轮作试点100万亩。其中，沈阳市康平县2万亩，锦州市黑山县3万亩、北镇市6万亩、凌海市3万亩、义县5万亩，阜新市阜新蒙古族自治县17万亩、彰武县8.3万亩、清河门区0.7万亩，铁岭市铁岭县6万亩、开原市6万亩、昌图县5万亩，朝阳市朝阳县4万亩、建平县6万亩、北票市3.5万亩、喀喇沁左翼蒙古族自治县3万亩、凌源市3万亩，葫芦岛市南票区2万亩、连山区2万亩、兴城市5万亩、绥中县3.5万亩、建昌县56万亩。

根据《2018年辽宁省耕地轮作制度试点实施方案》，积极推进耕地轮作制度

① 吉林省土壤肥料总站《关于印发“吉林省耕地质量保护与提升实施方案”的通知》（吉土肥字〔2017〕25号）。

试点，落实中央财政资金1.5亿元，在沈阳、锦州、阜新等市的21个试点县开展轮作试点6.67万hm^2（100万亩），引领各地开展耕地轮作，推广玉米与大豆、杂粮杂豆、薯类、油料等轮作模式①。2019年国家安排辽宁省轮作50万亩（$3.33\times10^4hm^2$）。

根据《辽宁省农委关于印发2007年辽宁省耕地轮作制度试点实施方案的通知》（辽农农〔2017〕124号），辽宁省实施耕地轮作试点的技术路径是在前茬作物是玉米的前提下，因地制宜推广符合当地实际的轮作模式，具体包括四种：一是实行玉米与大豆轮作，发挥大豆根瘤固氮养地作用，提高土壤肥力，增加优质食用大豆供给；二是实行玉米与马铃薯等薯类轮作，改变重迎茬，减轻土传病虫害，改善土壤物理和养分结构；三是实行籽粒玉米与青贮玉米、苜蓿、黑麦草、饲用油草等饲草作物轮作，以养带种、以种促养，满足草食畜牧业发展需要；四是实行玉米与谷子、高粱、燕麦、红小豆等耐旱耐瘠薄的杂粮杂豆轮作，减少灌溉用水，满足多元化消费需求；五是实行玉米与花生、向日葵、油用牡丹等油料作物轮作，增加食用植物油供给。

5. 江苏省

江苏省是我国最早开展自主休耕的省份之一。昆山市是江苏省轮作休耕的先行先试地区，2015年10月就率先制定了《昆山市冬春生态休耕方案》，计划每年耕地休（养）耕比例控制在现有耕地面积的20%以内，约1334hm^2左右，其中667hm^2休养，种植绿肥、油菜等作物；$667\times10^4hm^2$休闲，即空闲，5年内全市耕地循环休耕一次；耕地休耕时间为一季（即小麦生长季节），冬春季节性休耕，即前茬水稻收获后不再种植小麦，翻耕空闲或选种油菜、豆科、绿肥（如紫云英）等作物；为弥补农民因休耕而造成的经济损失，昆山市按每亩200元的标准进行补贴，对于种植诸如绿肥（如紫云英）、油菜等作物，各区镇根据当年度生产成本和实际收益适当提高补贴标准，区镇财政专款拨付。2015～2016年全市计划休耕240hm^2，2016～2017年全市计划休耕667hm^2，各区镇实施面积33.33～133.33hm^2，2017年秋收结束后每年按20%的耕地面积（1334hm^2左右）开展休耕工作（庄社明，2017；姚振飞，2017；殷广德，2017；吴桂成，2019）。

《昆山市耕地轮作休耕试点实施办法》（昆政发〔2016〕90号）指出，力争实施3～5年后，持续轮作休耕区域耕地土壤有机质含量相对提高1%，耕地地力

① 5.17万公顷土地种上高效作物.2018-07-15.［2018-09-28］. http://www.ln.gov.cn/qmzx/zsgqzxzls/gzdt/201807/t20180718_3279863.htm.

平均提高 0.5 个等级，耕地质量明显提升。并将补贴则分为基础补贴和叠加补贴两部分，其中：基础补贴为每亩 200 元；叠加补贴则根据休耕方式确定：轮作换茬的每亩不超过 100 元，休耕晒垡（实行农机作业进行冬耕晒垡）的标准为每亩 45 元，休耕培肥（实行增施有机肥并耕翻作业）的每亩不超过 100 元。为鼓励新型合作农场推行土地休耕轮作制度，2016 年 1 月 1 日起实施的昆山市《关于扩大农村新型合作农场的若干意见》规定，对休耕（含种植绿肥、豆科）的土地，市财政按每亩 200 元的标准进行补贴。同时，对于种植绿肥如紫云英等作物的，市土肥站将从省耕地质量建设项目经费中给予种子、根瘤菌和人工补助。昆山市通过轮作休耕，转变农业发展方式，加速农业向生态型、质量型方向发展，实现农业增效、农民增收（丁亚鹏，2018）。

2017 年 9 月实施的《关于推进苏州市耕地轮作休耕的实施意见（试行)》（苏府〔2017〕124 号）拟在稻麦一年两熟区域实行季节性轮作休耕，以生态休耕或轮作养地作物替代小麦种植，同时采取保护性耕作措施，县级市（张家港市、常熟市、太仓市、昆山市）5 年左右轮作休耕一遍；市辖区（吴江区、吴中区、相城区、苏州高新区）4 年左右轮作休耕一遍，其中太湖流域一级保护区（吴江区、吴中区、相城区、苏州高新区）采取常年轮作休耕；力争用 4 ~5 年的时间，全市轮作休耕一遍后土壤有机质含量较休耕前提高 1%，耕地质量明显提升；实施内容包括休耕晒垡和轮作换茬，市辖区内实施的补贴标准分别为每亩 245 元和 300 元，各县级市补贴标准参照市辖区自行确定。

江苏省从 2016 年开始进行省级试点，并于当年在江宁、浦口、六合、溧水、高淳、昆山、太仓、射阳、宝应、仪征、丹阳、扬中、兴化、泗阳、泗洪 15 个县（市、区）先行试点，每县（市、区）试点规模 666.67hm^2以上，全省试点面积约 $1.62 \times 10^4 hm^2$（表 6-6）。2017 年继续开展省级轮作休耕试点，优先在夏熟作物生产效益低、生态退化、次生盐渍化、酸化、养分非均衡化、贫瘠化等明显的区域进行，原则上每县（市、区）试点规模不少于 666.67hm^2，涉及 20 个县（市、区、场）。通过试点，形成符合江苏省情的可持续、可复制的耕地轮作换茬与休耕培肥模式和机制，不断提高耕地持续生产能力。计划在力争实施 2 ~3 年后，试点区域耕地质量明显提升，耕地土壤有机质含量相对提高 1%，耕地地力平均提高 0.5 个等级。实施内容主要包括轮作换茬、冬耕晒垡、休耕培肥。江苏省根据近两年小麦亩均纯收益和保护性耕作成本制定轮作休耕补贴标准，省级财政每年投入 5000 万元，对试点区域农户给予经济性补偿（2016 年和 2017 年标准一致），包括基础补贴和叠加补贴两部分，其中：基础补贴苏南为每亩 100 元，苏中、苏北为每亩 150 元；叠加补贴根据休耕方式确定，其中轮作换茬不超过每亩 100 元，休耕晒垡不超过每亩 45 元，休耕培肥不超过每亩 100 元。

表 6-6　2016 年江苏省耕地轮作休耕制度试点计划表　（单位：hm^2）

市、县名称		规模			
		小计	轮作休耕方式		
			轮作换茬	休耕晒垡	休耕培肥
南京市	江宁区	733.33	153.33	580	
	浦口区	882	532	350	
	六合区	2000	873.33		1 126.67
	溧水区	793.33	330	463.33	
	高淳区	666.67	666.67		
	小计	5 075.33	2 555.33	1 393.33	1 126.67
昆山市		1 333.33	666.67	666.67	
太仓市		1 333.33	220	813.33	300
射阳县		666.67	566.67		100
宝应县		710.67	710.67		
仪征市		1 989.33	822	653.33	514
丹阳市		1 000	133.33	666.67	200
扬中市		1 113.33	323.67	733	56.47
兴化市		1 000	1 000		
泗阳县		1 000	52.67		947.33
泗洪县		1 000	466.67		533.33
合计		16 221.99	7 517.68	4 926.33	3 777.8

江苏省在没有被纳入全国试点的情况下先行先试，探索出了一整套耕地轮作换茬与休耕培肥的发展模式和机制，达到了可落地、可持续、可复制的效果（陈兵，2017）。因此，在江苏省开展省级耕地轮作休耕制度试点的第三年，被纳入国家 2018 年轮作制度试点，承担了 $1.67\times10^4 hm^2$ 的轮作试点任务。其中，省级试点继续按照 2017 年江苏省的试点方案进行，涉及南京市江宁区、溧水区、高淳区，宜兴市，江阴市，常州市新北区、武进区、金坛区，昆山市，常熟市，太仓市，射阳县，阜宁县，宝应县，丹阳市，扬中市，兴化市，泗阳县，沭阳县，江苏省监狱管理局等 20 个县（市、区、场）；国家试点按照 3 年一个周期的要求，选择在淮南冬小麦低质低效区、淮北夏玉米旱作区实施，具体涉及南京市六合区、仪征市、泗洪县、沛县、邳州市 5 个县（市、区），分别实行稻肥、稻油、

稻菜等轮作，玉米与豆类、油料、薯类、杂粮等轮作。每县（市、区）试点规模一般不少于3300hm^2，集中连片推进。在中央财政补助标准（每亩每年150元）的基础上，省级财政每亩每年再补助50元左右，使之与原有种植收益相当，以提高基层和农民轮作休耕的积极性。

6. 江西省

在江西省实行现代轮作休耕制度试点之前，已有较为丰富的研究成果。黄国勤等（2017）指出，江西水稻种植面积较大，且多以连作为主，因此，稻田实行轮作的面积全省平均只有15%～20%，全省旱地有30%～50%实行轮作，比水田轮作高15～20个百分点。江西省轮作范围分布较广（黄国勤，1996），如赣北的九江地区分布面积较大的主要有稻棉轮作，赣南各地分布较多的有稻蔗轮作，鄱阳湖地区广泛分布着稻鱼轮作；稻烟轮作主要分布在峡江县、安福县、兴国县，水稻与中药材轮作主要分布在樟树市各地，稻菜轮作主要分布在城市郊区和乡镇周边。模式也多种多样（黄国勤等，1997）。就稻田而言，有“稻棉”轮作、“稻蔗”轮作和“稻薯”轮作3种轮作方式。①“稻棉”轮作，即在长期种植水稻的田块改种棉花，实行“肥—稻—稻→油/棉（2～3年）→麦—稻—稻”复种轮作，有利于改善稻田土壤结构，减轻棉铃虫危害，促进粮、棉双丰收，这一模式存在于江西棉区，如永修县；②“稻蔗”轮作：江西赣南是传统的甘蔗种植区，该区将“蔗田”变为“稻田”、“稻田”改为“蔗田”，能实现稻、蔗双增产、双增效；③“稻薯”轮作：江西红壤丘陵地区各县（如鹰潭市余江县、抚州市东乡区、南昌市进贤县等）在灌溉条件得不到根本改善的前提下，将晚稻改为甘薯，形成“肥-稻-薯”复种方式，实行年内和年间的“稻薯”轮作，既避开了季节性干旱（伏秋干旱）的危害，又增加了粮（饲）作物和甘薯的产量，对维护稻田高产、稳产发挥重要作用。此外，江西省还存在其他的轮作模式，如稻菜轮作、稻瓜轮作、稻烟轮作（谢敏，1989）、稻药（中药材）轮作（黄国勤，2008）、稻草轮作、稻苗（木）轮作、稻花（卉）轮作、稻果（树）轮作，等等。江西旱地可种植的作物种类更多，由此形成的复种轮作方式比稻田复种轮作方式更丰富多样。

江西省的休耕方式有退耕和休闲，其中休闲包括季休（季节性休闲）、年休（全年休闲）、长休（长期休闲，至少3～5年，甚至8～10年以上）3种形式。①季休。对耕地进行季节性休闲，在江西各地比较普遍，尤其是随着国家工业化、城镇化、现代化进程的加快，农村劳动力不断向工业、向城镇转移，造成农村劳动力越来越少、越来越缺，“有田无人种”的现象越来越明显、越来越突出。江西耕地季节性休闲又包括3种类型：冬闲、秋闲和夏闲，其中冬闲最为突出。第一，冬闲。2012 年中国南方共有冬闲田 $891.7\times10^4hm^2$，其中江西省$71.2\times10^4hm^2$，占南方冬闲田面积总量的 7.98%，占江西省 2012 年耕地面积（$308.35\times10^4hm^2$）的 23.09%（王积军等，2014）。实际上，根据黄国勤和赵其国（2017）的近年调查，江西省冬季稻田“冬闲率”达 70% 以上，有的地方高达 90% 以上。严重降低了冬季农业资源的利用率和冬季农业的生产力，影响翌年乃至长远农业生产的整体发展。第二，秋闲。江西有相当部分稻田在早稻收割以后，由于无灌溉条件而不能及时栽插晚稻，即使栽插了，也往往因伏秋干旱少雨，晚稻得不到好的收成。因此，部分群众不复种晚稻而令其休闲，江西这类秋闲稻田达 26.67×10^4 ~ $40.00\times10^4hm^2$。第三，夏闲。江西有些地方因劳动力缺乏，加上种田效益不高，在本应种植早稻的季节不及时栽插早稻，出现稻田“夏闲”，造成一年中最宝贵的光、热、水、土等农业资源的浪费。②年休。“年休”就是全年都不种植作物，让农田休闲、荒芜。这类农田在休闲、撂荒时，往往会造成杂草丛生、杂物满田，土壤结构破坏、耕性下降。“年休”耕地在江西各地均有分布，占耕地总面积的 2% ~3%，但不会超过耕地总面积的 5%。③长休。“长休”就是让农田长期不耕、不种，令其“自生自灭”，短则 3 年、5 年，长则 8 年、10 年，甚至更长。这种“长休”耕地，如不加以“管护”，必然是一年长草、三年长树，五年之后成林地——想耕种都“耕不动”“耕不了”。该研究还认为，江西省轮作存在的主要问题有面积不大、模式不优、管理不善和效益不高，休耕存在的主要问题有：多为被动式休耕、休耕面积不合理、休耕农田“不合适”、休耕模式“太单一”、休耕周期“无规律”、休耕补偿“未到位”。

江西省正式提出实行耕地轮作休耕制度试点是在国家《试点方案》之后，2016 年 10 月出台的《江西省国土资源保护与开发利用“十三五”规划》明确提出“探索实行耕地轮作休耕制度”。2018 年 3 月出台的《江西省耕地草地河湖休养生息规划（2016—2030 年）》则指出，“试点休耕的重金属污染区、生态严重退化地区的生态和农产品质量安全问题得到初步解决，重点地区和试点地区探索出适于全省借鉴的耕地养护、轮作、休耕工作方案”。与江苏省一样，江西省在 2018 年进入国家轮作试点。为此，江西省农业厅、江西省财政厅联合制定了《江西省稻油轮作试点实施方案》，按照优势区域优先、集中连片推进、尊重农民意愿、资源整合推进的基本原则，轮作试点面积 $1.67\times10^4hm^2$，对实施稻油轮作试点的农户，按每年每亩 150 元的标准给予耕地轮作生态环境补贴。实施内容主要是在双季稻低质低效区域，适当调减早稻种植面积，推广“一季优质稻+油菜”水旱轮作种植模式，充分利用温、光、水资源，改善土壤结构、提高土壤肥力、减轻病虫危害，实现耕地高产高效种植和农业可持续发展①。江西省重点在油菜生产优势区实施，尤其是赣北油菜产业集群和赣西油菜产业集群选择基础条件好、县级财政支持力度大、产业发展优势明显的地区开展。试点充分尊重农民意愿，引导农民自愿参与稻油轮作试点，发挥其主观能动性，该项目按照3年一个休耕周期的计划，由项目试点乡镇与参加农户或新型经营主体签订轮作协议，落实项目实施区域、面积和主体。2018年全省稻油轮作试点面积预计为$1.67\times10^4hm^2$。稻油轮作试点县申报条件：一是集中连片，以乡镇为单位整建制推进，集中在一至两个乡镇实施；二是结合发展优质稻推进，在试点区域开展优质稻订单种植；三是结合高标准农田建设推进，将试点区纳入高标准农田建设范畴；四是结合休闲农业产业推进，挖掘油菜“花用”功能，推进油菜花休闲观光产业发展②。为了保障轮作试点的顺利开展，江西省还编制了《江西省稻油轮作试点技术指导意见》，成立了江西省稻油轮作专家指导组，明确了技术目标、技术要点、风险防范③。

6.3.2 国家休耕制度试点区域及主要内容

2016年和2017年国家在河北、湖南、云南、贵州和甘肃开展休耕试点，2018年新增新疆和黑龙江④，见表6-7。

表6-7 国家休耕试点区域及主要内容 （单位：$\times10^4hm^2$）

地区	面积			试点主要内容
	2016年	2017年	2018年	
河北	6.67	8	10.67	改冬小麦、夏玉米一年两熟种植为一季自然休耕、一季雨养种植模式（只种植一季雨热同季的玉米、油料作物、杂粮杂豆等一年一熟作物）

① 永修县被列为全省稻油轮作试点县.2018-07-04. [2018-09-20]. http://www.jxagri.gov.cn/News.shtml?p5=88904656.

② 我市积极组织申报全省稻油轮作试点项目.2018-04-11. [2018-09-20]. http://nyj.nc.gov.cn/ncnyj/sjdt/201804/5cdad7bb99c44db8a22973216ff1d436.shtml.

③ 关于印发江西省稻油轮作试点技术指导意见的通知.2018-06-06. [2018-09-20]. http://www.jxagri.gov.cn/News.shtml?p5=88902328.

④ 由于黑龙江2016年已开始国家轮作试点，与其他省区不同，2018年黑龙江同时进行轮作和休耕试点，但试点面积比轮作小，休耕开展时间比轮作晚，因此，黑龙江的休耕在前文介绍黑龙江的休耕时一并介绍。

续表

地区	面积			试点主要内容
	2016 年	2017 年	2018 年	
湖南	0.67	1.33	2	采用“休耕+春季深翻耕+淹水管理+秋冬季旋耕+绿肥”的模式。休耕期耕地的经营管理权归村委会统一行使
云南	0.13	1.33	1.33	积极调整种植结构，引导农民改变传统玉米连作的种植习惯，因地制宜改种防风固土、涵养水分、改良土壤、培肥地力的“粮豆、经作、饲料”作物，鼓励农牧结合，畜禽粪便还田，秸秆还田，开展循环农业，做到用地养地结合
贵州	0.13	1.33	1.33	对休耕地采取保护性措施，种植保护耕作层的植物，同时减少农事活动，休耕期间严禁施用化肥和农药，合理安排不同绿肥品种种植；实施秸秆还田（土），适当增施腐熟的有机肥
甘肃	0.13	1.33	1.33	调整优化种植结构，改种防风固沙、涵养水分、保护耕层的作物，同时减少农事活动。鼓励种植油菜、红豆草、芸芥、箭筈豌豆等绿肥作物。探索种植燕麦草等优质饲草作物，通过牛羊“过腹还田”模式，稳步提高耕地有机质含量和耕地地力水平
新疆	—	—	0.67	全部集中在冬小麦种植区域，缓解塔河流域内农业生产水资源压力过大的现状。积极开展土壤改良、修复治理等工作，提升耕地地力水平。适当种植豆类、牧草等绿肥，实现种地养地结合和农业的可持续发展
黑龙江	—	—	9.33	加强地力保护和管理，鼓励深耕深松、种植苜蓿或油菜等肥田养地作物，提升耕地质量，遏制地下水下降势头

注：“—”表示当年没有纳入国家试点。

1. 河北省

国家《试点方案》将地下水漏斗区作为休耕制度试点的重点区域之一，主要在河北省黑龙港流域连续多年实施季节性休耕，试点面积 100 万亩（$6.67\times10^4hm^2$）。实际上，由于黑龙港流域属于地下水严重超采区，存在着 $6.7\times10^4km^2$ 的地下水超采区，形成了 7 个影响较大的地下水漏斗。为了治理地下水超采导致的生态环境问题，河北省在实施工程节水、农艺节水、生物节水的同时，开始探索季节性休耕制度。2014 年，河北省启动地下水超采综合治理试点项目，在地下水漏斗区的 41 个县（市、区）开展了减少小麦种植的季节性休耕试点。休耕地块实行“一季自然休耕、一季雨养种植”，将一年种植冬小麦、夏玉米两茬改为只种植一茬玉米或其他杂粮杂豆、油料等作物①。

2016 年 10 月，河北省农业厅、省财政厅、省国土资源局等 9 部门联合制定的《2016 年度耕地季节性休耕制度试点实施方案》提出，结合 2016 年度地下水超采综合治理试点调整种植模式项目，实施季节性休耕 $12.07\times10^4\,hm^2$，其中 2014 年度已实施 $4.87\times10^4\,hm^2$、2015 年度已实施 $1.73\times10^4\,hm^2$、2016 年度新增 $5.47\times10^4\,hm^2$，重点在地下水超采区的廊坊、保定、衡水、沧州、邢台、邯郸市的 55 个县（市、区）组织实施；试点区域改冬小麦、夏玉米一年两熟种植为一季自然休耕、一季雨养种植模式（只种植一季雨热同季的玉米、油料作物、杂粮杂豆等一年一熟作物）；鼓励在休耕季种植诸葛菜（二月蓝）、黑麦草等绿肥作物，既减少灌溉用水，又能增肥地力。2017 年度，河北省在廊坊、保定、衡水、沧州、邢台、邯郸 6 市地下水漏斗区开展季节性休耕 $13.33\times10^4\,hm^2$［包含《关于印发〈河北省 2017 年度耕地季节性休耕制度试点实施方案〉的通知》中已下达的 600 万亩（$40\times10^4\,hm^2$）耕地季节性休耕制度试点任务］，实施自然休耕、生态休耕②。2018 年度，国家下达河北省休耕试点面积 160 万亩（$10.67\times10^4\,hm^2$），河北省与地下水超采综合治理相结合，继续安排实施面积 200 万亩（$13.33\times10^4\,hm^2$）③（表 6-8）。

表 6-8　河北省休耕面积分布　（单位：$\times10^4\,hm^2$）

行政区	2017 年	2018 年
廊坊市	0.89	0.89
保定市	0.71	0.33
沧州市	2.51	2.69
衡水市	4.6	4.73
邢台市	3.08	2.35
邯郸市	1.53	2.05
雄安新区	—	0.28
合计	13.33	13.33

注：2016 年河北省国家试点面积 $6.67\times10^4\,hm^2$，2017 年 $8\times10^4\,hm^2$，2018 年 $10.67\times10^4\,hm^2$。

① 节水养地河北已累计实施季节性休耕面积 360 万亩次 . 2017-11-30. [2018-09-22]. http://www.dzwww.com/xinwen/shehuixinwen/201711/t20171130_16724072.htm.

② 重磅政策！河北 51 县区这些地块要季节性休耕！附实施方案及补贴标准！2017-09-05. [2018-09-22]. http://www.sohu.com/a/169638226_385692.

③ 河北省：2018 年休耕试点每亩补贴 500 元 . 2018-09-03. [2018-09-22]. http://www.chinajci.com/article/a1745231T.html.

2. 湖南省

湖南是国家《试点方案》中的重金属污染区休耕试点地区，2016 年休耕试点 $0.67\times10^4\text{hm}^2$。2014 年以来，湖南省实施了长株潭重金属污染耕地修复治理和种植结构调整试点。《湖南省重金属污染耕地治理式休耕试点 2016 年实施方案》（湘农联〔2016〕100 号）明确了休耕遵循 3 条基本原则：休耕与治理相结合原则，休耕非弃耕非抛荒原则，休耕期农田基本建设和设施管护不停滞原则；并制定了 3 条治理路径：一是分类休耕，按耕地污染程度，可达标生产区、管控专产区、作物替代种植区休耕时间 2 ~ 3 年；二是边休耕边治理，休耕地统一实施施用石灰、深翻耕、种植绿肥、种植吸镉作物等重金属污染治理措施；三是加强耕地保护，休耕期间开展沟渠、田埂、机耕道等农田基础设施的维护、修整，保证休耕结束后能迅速恢复生产。

根据 2018 年 3 月颁发的《湖南省人民政府办公厅关于长株潭地区种植结构调整及休耕治理工作的指导意见（湘政办发〔2018〕10 号）》，2018 ~ 2020 年，在长沙市、株洲市、湘潭市被划定为严格管控区的耕地上开展种植结构调整，2018 年实现结构调整、休耕、修复治理 100 万亩以上，其中休耕 30 万亩、修复治理 10 万亩。2019 年实现 90 万亩以上，其中休耕 20 万亩、修复治理 10 万亩。2020 年实现 50 万亩，其中休耕 10 万亩、修复治理 10 万亩。技术路径主要是采用“休耕+春季深翻耕+淹水管理+秋冬季旋耕+绿肥”的模式，具体为：每年春季在绿肥翻压时进行深翻耕，5 ~ 9 月进行淹水管理，秋冬季旋耕后种植绿肥。探索选择在一定区域，设立镉污染治理生物移除技术示范开放性平台，引进国内外先进技术模式，开展植物移除+生物质炭开发利用。

湖南的休耕突出治理、不忘复耕。湖南要求休耕期耕地的经营管理权归村委会统一行使，禁止耕地非农化、禁止在休耕地上种植以收获为目的农作物、禁止利用休耕地从事除村委会统一组织的耕地管理和维护活动之外的其他任何活动。对休耕地，要统一施用石灰、翻耕、种植绿肥和耕地维护等活动，以恢复、提升地力。休耕试点结束后，由村委会申请，乡镇政府审核，经县农业局、财政局复核后报经县人民政府批准后退出休耕，恢复耕种。对于试验种植水稻稻谷镉含量检验达标的休耕耕地，退出休耕后应重新种植水稻；对于试验种植水稻稻谷镉含量检验不达标的耕地，按管控专产区有关政策措施进行管理，作物替代种植区休耕 3 年后可改种非食用农作物①。长沙市于 2018 年底前，休耕面积共计 $0.42\times10^4\text{hm}^2$。

① 参见《湖南省重金属污染耕地治理式休耕试点 2016 年实施方案》（湘农联〔2016〕100 号）、《茶陵县 2016 年重金属污染耕地治理式休耕试点实施方案》《宁乡县重金属污染耕地治理式休耕试点 2018 年实施方案》。

3. 云南省

云南省是中国石漠化地区休耕试点省之一，2016 年试点任务为 1300hm^2，其中昆明市石林彝族自治县和文山壮族苗族自治州砚山县各 666.67hm^2，休耕补助标准为每亩每年 1000 元。2017 年，云南省休耕试点面积增至 1.33×10^{4}hm^2（含 2016 年的 1300hm^2），涉及全省 9 个州（市）19 个石漠化重点县（市、区）开展的耕地休耕制度试点工作初显成效，全省超额完成 20 万亩休耕工作目标任务，中央财政安排云南省休耕制度试点补助资金 1 亿元①。2018 年维持 1.33×10^{4}hm^2 的规模，试点区域及规模具体见表 6-9。云南省力争用 3 ~5 年时间，初步建立耕地休耕组织方式和政策体系，集成推广种地养地和综合治理相结合的生产技术模式，探索形成全省休耕与调节粮食等主要农产品供求余缺的互动关系。

表 6-9　云南省休耕试点面积　　（单位：hm^2）

州（市）	县（市、区）	试点面积		
		2016 年	2017 年	2018 年
昆明	石林	666.67	1 000	1 000
昭通	昭阳	—	666.67	666.67
	永善	—	333.33	333.33
	鲁甸	—	333.33	333.33
	镇雄	—	666.67	666.67
玉溪	澄江	—	333.33	333.33
	易门	—	333.33	333.33
曲靖	会泽	—	666.67	666.67
	沾益	—	1 000	1 000
	宣威	—	1 000	1 000
红河	开远	—	333.33	333.33
	弥勒	—	1 333.33	1 333.33
	泸西	—	1 000	1 000
文山	砚山	666.67	1 333.33	1 333.33
	广南	—	666.67	666.67
保山	隆阳	—	666.67	666.67

① 云南休耕试点工作扎实推进超额完成 20 万亩休耕任务 . 2017-11-23. [2018-12-20]. http://news.ifeng.com/a/20171123/53511521_0.shtml.

续表

州（市）	县（市、区）	试点面积		
		2016 年	2017 年	2018 年
丽江	玉龙	—	333. 33	333. 33
临沧	永德	—	666. 67	666. 67
	镇康	—	666. 67	666. 67
合计		1 333. 33	13 333. 33	13 333. 33

注："—" 表示 2016 年没有试点。

云南省选择石漠化较严重、土地较瘠薄、作物产量较低等低产地作为休耕试点地块。休耕的技术路径是：积极调整种植结构，积极引导农民改变传统玉米连作的种植习惯，围绕云南省两季作物生产特点，因地制宜改种防风固土、涵养水分、改良土壤、培肥地力的"粮豆、经作、饲料"作物，小春鼓励种植豆科类、油料类、绿肥类作物，大春[①]鼓励种植豆科、禾本科牧草类和绿肥等作物，鼓励农牧结合，畜禽粪便还田，秸秆还田，开展循环农业，做到用地养地结合。同时减少农事活动，促进生态环境改善。

云南省耕地休耕培肥模式主要有四种，以砚山县为例（表 6-10）：一是在地力瘠薄、生态恶化、产量低下的区域免耕净种绿肥；二是少耕肥豆轮作，绿肥和豆类均能肥地，豆类还可收获果实增加收入；三是在土地面积宽阔、有畜牧业基础的区域推行免耕肥草间套种，实现培肥和养畜双赢；四是免耕牧草过腹还田，种植牧草，以草养畜、以畜养地。当然，也有将四种措施综合运用的，如砚山县维摩彝族乡斗果村休耕片区，通过分段设计不同模式，同时配套高标准农田建设，

表 6-10　砚山县休耕培肥方式（2016 年）

方式	主要实施地点、技术路径及实施效果
免耕净种绿肥（面积：432hm^2）	实施地点：维摩彝族乡岔路口村、者腊乡老龙村，面积约 253. 33hm^2，属于瘠薄耕地类型，生态恶化，农作物产量低。其中维摩彝族乡岔路口村地处石灰岩山区缓坡地块，半裸和潜在石旮旯地，耕层薄肥力低；者腊乡老龙村属于容易受侵蚀的瘠薄坡耕地，耕层生土和熟土混乱，地力回升较难。 技术路径：休耕地仅种植绿肥作物肥地，实施"休耕+培肥"，加速耕层熟化和培肥，通过 3 年休耕培肥，实现低产田变中产田。 实施效果：免耕净种绿肥有利于劳动力流转，增加打工经济收入

① 大春一般指的是种植水稻的时期，即 5～9 月，种水稻是满足大多数老百姓的吃饭问题，是主要的大事；一般把第一年播种第二年初夏收获的作物叫小春，小春是种油菜、小麦的时期，即 10 月至第二年 4 月，小春只是辅助性的种植。

续表

方式	主要实施地点、技术路径及实施效果
少耕肥豆轮作（面积：36.67hm²）	技术路径：休耕地轮流种植绿肥和豆科植物（黄豆、绿豆等）以增加肥力，通过休耕培肥固氮，实现培肥地力与养畜经济、农民增收相结合。 实施效果：引进新型经营主体参与，发展订单农业，采取“公司+基地+农户”的发展模式，种植大豆每公顷可增收近 2 万元，经济效益明显。既能养地培肥，又能增加农户收入，深受休耕农户的欢迎，带动非休耕区农户种植 533.33hm²
免耕肥草间套种（面积：160.67hm²）	实施地点：平远镇大清塘村，约 133.33hm²，丘陵瘦红土区，土壤肥力瘦薄，地形平缓，当地有畜牧经济基础，实行肥草间套种，可以达到拓宽劳动力就地就业，耕地培肥与养畜双赢效果。 技术路径：休耕地绿肥和牧草混套种，肥草结合，肥饲兼用，通过休耕培肥，培肥地力和养畜经济相结合，3 年实现地力上升一级，提高家庭经济收入。 实施效果：有利于发展畜牧业，为种养产业结合打基础
免耕牧草过腹还田（面积：37.33hm²）	实施地点：蚌峨乡六掌村，面积约 33.33hm²，属于河谷区产稻田，田间排灌不配套，产量低，人多地少，有外出务工和家庭养畜传统，种草养畜增加农家肥源，实现就业、增收、肥田多目标。 技术路径：种植牧草，以草养畜，增加农家肥源，用农家肥养地，通过连续休耕种草养畜，过腹还田，促进畜牧业发展，肥畜双收
以上四种模式兼有	维摩彝族乡倮可腻村岔路口片区约 120hm²，其中，免耕净种绿肥 107.33hm²；净种牧草 3.33hm²；少耕肥豆（大豆）种植 4hm²；肥草间套种 5.34hm²

注：以上绿肥和牧草品种，大面积以光叶紫花苕绿肥、一年生黑麦草或‘桂牧一号’为主，小面积尝试紫花苜蓿、小冠花、白三叶等品种。

拟通过 3 年培肥和建设，建成高标准农田。石林彝族自治县还投入腐熟剂促进土壤有机质和氮磷钾分解，抑制病菌生长，针对土壤监测情况补充中微量元素。

4. 贵州省

贵州是我国石漠化地区休耕试点省份，2016 年休耕试点 1300hm²，休耕区域有 5 个县（铜仁市的万山区、松桃苗族自治县，黔西南布依族苗族自治州的晴隆县和贞丰县，六盘水市的六枝特区）。2017 年休耕试点面积增至 1.33×10^4hm²，休耕区域增加到 13 个县（市、区）（凤冈、习水、镇远、威宁、关岭、盘州、六枝、晴隆、贵定、开阳、万山、松桃、兴义），补助标准按国家规定每年每亩补助500元。2018年贵州省继续维持1.33×$10^4$$hm^2$的休耕规模，全省共安排13个县实行休耕，每个县（市、区）的休耕面积在666.67hm^2以上。贵州省在石漠化重点治理区选择25°以下相对集中连片坡耕地和瘠薄地的两季作物种植区、非退耕还林还草和重点水源保护区，以及承包地确权登记颁证完成的区域进行休耕。休耕签订协议，连续休耕3年，农户不变，地块不变。

根据《2019年贵州省耕地休耕制度试点工作实施方案》，贵州省休耕所采取的技术路径是：对休耕地采取保护性措施，种植保护耕作层的植物，同时减少农事活动，休耕期间严禁施用化肥和农药，促进生态环境改善。合理安排不同绿肥品种种植；实施秸秆还田（土）改良土壤质地；翻耕土壤，把下层土壤翻至表层与表土充分混匀，逐步熟化并加深土层厚度；适当增施腐熟的有机肥，以增加土壤有机质含量。

5. 甘肃省

甘肃是中国西北干旱区休耕试点区域，2016年实施1300hm^2耕地休耕试点，会宁县和环县各666.67hm^2。2017年，国家安排甘肃省休耕制度试点任务增至1.33×$10^4$$hm^2$，每亩补助资金500元，在干旱缺水、土壤沙化、盐渍化严重、生态严重退化的中东部环县、会宁、安定、通渭、秦州、静宁、永靖、永登、古浪9个县区实施，每个试点县承担休耕面积至少666.67hm^2。2018年，甘肃省继续承担13 333.35hm^2耕地休耕试点任务，具体为：环县3333.33hm^2，安定区2666.67hm^2，会宁县、通渭县各2000hm^2，静宁县、秦州区、永登县、永靖县4个县区各666.67hm^2，河西沿黄地区土壤沙化、盐渍化严重的古浪县666.67hm^2。原则上承担试点任务的地块一定3年不变，每个示范片连片面积不少于66.67hm^2。休耕土地每年每亩补助资金500元，分年拨付。

甘肃省休耕试点的技术路径是：调整优化种植结构，改种防风固沙、涵养水分、保护耕层的作物，同时减少农事活动，不断改善生态环境。重点选择干旱缺水、土壤沙化、盐渍化严重的地块开展试点工作。鼓励种植油菜、红豆草、芸芥、箭筈豌豆等绿肥作物，通过盛花期翻压还田、深耕晒垡提高耕地质量。积极探索种植燕麦草等优质饲草作物，通过牛羊“过腹还田”模式，稳步提高耕地有机质含量和耕地地力水平。

甘肃省鼓励各地创新组织方式，调动以合作社为主的各利益主体参与休耕的积极性。全省9个试点县区现有92个合作社或农业企业参与休耕试点，争取到2019年参与的合作社或农业企业达到120个。具体为：环县35个、会宁县14个、安定区27个、通渭县22个，静宁县、永靖县、永登县和古浪县各5个，秦州区2个（表6-11）。

表 6-11　2018 年甘肃省耕地休耕制度试点任务和资金计划分配表

试点县区	休耕任务/hm^2	补助资金/万元	备注
环县	3 333. 33	2 500	到 2019 年，辐射带动 35 个合作社
会宁县	2 000	1 500	到 2019 年，辐射带动 14 个合作社
安定区	2 666. 67	2 000	到 2019 年，辐射带动 27 个合作社
通渭县	2 000	1 500	到 2019 年，辐射带动 22 个合作社
秦州区	666. 67	500	到 2019 年，辐射带动 2 个合作社或企业
静宁县	666. 67	500	到 2019 年，辐射带动 5 个合作社
永靖县	666. 67	500	到 2019 年，辐射带动 5 个合作社
永登县	666. 67	500	到 2019 年，辐射带动 5 个合作社
古浪县	666. 67	500	到 2019 年，辐射带动 5 个合作社
合计	13 333. 35	10 000	到 2019 年，辐射带动 120 个合作社

6. 新疆维吾尔自治区

早在 2012 年，新疆乌鲁木齐县大西沟灌区便开始实施压粮节水工程，并建立了全疆首例水资源生态补偿机制。当年板房沟乡、萨尔达坂乡、永丰乡共休耕 3. 7 万亩土地，其中板房沟乡 2 万亩，萨尔达坂乡 4000 亩，永丰乡 1. 3 万亩，作为减少地下水超采、缓解城市供水压力的措施①；2015 年乌鲁木齐市实施压粮节水 7 万亩左右，其中乌鲁木齐县休耕面积总计 57 490 亩，但只对耗水量大、贫瘠的粮食用地实行休耕，蔬菜属于经济作物，不予休耕②；根据《库尔勒市退耕休耕工作实施方案》，库尔勒市在 2014 年、2015 年连续休耕 $1\times10^4 hm^2$。2018 年，新疆塔里木河流域地下水超采区纳入国家休耕试点，试点面积 10 万亩，喀什、和田地区各 5 万亩，全部集中在冬小麦种植区域③。新疆对休耕工作提出了 10 项试点任务：一要试出休耕后自治区地下水超采区水位回升的途径和措施；二要试出休耕后适宜新疆土地休养生息的方式方法；三要试出休耕后提高耕地质量、提升地力的技术路径；四要试出果粮间作田休耕后提高果品质量的方法；五要试出果粮间作田休耕后农民口粮安全的保障措施；六要试出果粮间作田休耕后农民对

---

① 乌鲁木齐县 3. 7 万亩土地何以“休耕”. 2012-04-12. [2018-09-23]. http://news. ts. cn/content/2012-04/12/content_ 6738692. htm.

② 乌鲁木齐：压粮节水休耕协议开签. 2015-03-24. [2018-09-23]. http://www. xjqnpx. com. cn/a/shehui/36859. html.

③ 新疆启动喀什和田地区 10 万亩耕地休耕试点. 2018-10-22. [2019-01-17]. https://www. xjht. gov. cn/article/show. php? itemid = 273332.

饲草料需求的解决方案；七要试出果粮间作田休耕后农民收入稳定增长的解决方案；八要试出果粮间作田休耕后实现农业绿色发展的具体可操作办法；九要试出果粮间作田休耕后如何促进林下经济发展的问题；十要试出果粮间作田休耕后林果业水肥管理的新方案，制定新的、科学的水肥管理技术规程①。

6.4 地方自主轮作休耕制度试点

实际上，地方自主开展的轮作休耕的实践比国家自上而下安排的轮作休耕要早，如新疆、河北、江苏等，在《试点方案》出台之前就开始了自主探索，中国台湾地区更是在20世纪80年代中期就开始了休耕转作。在《试点方案》出台后，各省区纷纷跟进相关规划和计划。可以预见，未来将有更多的地方自主进行耕地轮作休耕。总的来说，北方省份开展探索要比南方省份早，且多为专项政策，内容比南方的更为详细，而南方省份的轮作休耕政策一般为综合性政策，或在其他政策中体现（表6-12）。

表6-12 自主轮作休耕试点省份及政策要点

省（自治区、直辖市）	政策类型	政策要点
山东	专项	农业结构调整
山西	专项	农业结构调整、生态环境保护
陕西	专项	农业结构调整、提升耕地地力
河南	专项	农业结构调整、耕地休养生息
天津	专项	农业结构调整、用地养地结合
湖北	专项/综合	农业结构调整、耕地休养生息
安徽	综合/其他	生态环境保护、农业结构调整
四川	综合/其他	农业结构调整、乡村发展
广西	综合/其他	生态环境保护、耕地保护
福建	其他	土壤污染防治
广东	其他	土壤污染防治

1. 山东省

山东的耕地轮作休耕试点一直在推进中。山东淄博市寨里镇莪庄村2.07hm^2

① 自治区农业厅在喀什地区麦盖提县召开了2018年耕地休耕制度试点工作启动会．［2018-10-28］．http：//www. xj-agri. gov. cn/liangmsc/42674. jhtml.

优质耕地从2011年起就开始休耕，为了养肥地力，每年春天，长金蔬菜种植专业合作社都会组织人力、机械，把长出的杂草全部烧掉，草木灰混杂着农家肥，用大型拖拉机深松，通过自然腐熟来提高土壤的有机质（卞民德，2016）。根据《山东省农业现代化规划（2016—2020年）》，山东拟在沿黄地区大力推广玉米与大豆轮作，在山区丘陵地区推广玉米与杂粮作物轮作，在适宜地区探索开展耕地休耕试点。目前，山东已在淄博高青县、聊城市东阿县、郓城县等多地开展了轮作休耕试点，试点地区产业结构趋于优化，经济效应明显[①]。2019年山东省轮作休耕50万亩（$3.33\times10^4hm^2$）。根据《山东省农业农村厅 山东省财政厅 关于印发〈2020年耕地轮作休耕制度试点实施方案〉的通知》（鲁农计财字〔2020〕17号），2020年山东安排65万亩（$4.33\times10^4hm^2$）耕地轮作休耕制度试点，推行玉米与大豆等粮豆轮作，增加市场紧缺的大豆供给，加快构建绿色种植制度，试点期限自2020年夏种开始，秋收结束，各市试点面积见表6-13。

表6-13 山东省2020年度耕地轮作休耕制度试点任务安排

（单位：$\times10^4hm^2$）

城市	面积
东营市	0.47
潍坊市	0.13
济宁市	1.53
泰安市	0.27
德州市	0.13
聊城市	0.20
滨州市	0.47
菏泽市	1.13
合计	4.33

2. 山西省

《山西省人民政府关于加快有机旱作农业发展的实施意见（晋政发〔2017〕47号）》提出根据国家部署及山西省实际，有计划有步骤地对生态脆弱、资源环境压力大的耕地开展休耕轮作。积极开展探索与推广耕地轮作技术模式，重点推

① 山东轮作休耕经济效益初显. 2018-06-25. [2018-10-14]. http://news.cnfol.com/chanyejingji/20180625/26595729.shtml.

广籽粒玉米与马铃薯、饲草作物、杂粮杂豆等轮作技术模式。在生态严重退化地区逐步开展休耕试点。

3. 陕西省

陕西省2016年1月出台《陕西省人民政府办公厅关于推进耕地轮作休耕实行化肥农药使用减量化的意见》，决定从2016年开始，在资源紧缺区和生态脆弱区开展耕地轮作休耕、绿肥种植试点，对实行休耕、改种饲草、用地养地结合的农田，按播种面积给予财政补贴，年均试点面积达到全省耕地面积的2%。宝鸡市以渭北塬区和南北山区为重点，采取财政补贴的形式，改革耕作制度，变“一年两熟、两年三熟”为“一年一熟”，因地制宜发展粮饲轮作、粮油轮作；坚持生态友好持续发展，科学规划布局，积极探索试行季节休耕、隔年休耕，推进耕地休养生息。汉中市在确保粮食安全前提下，对部分土壤质量下降严重的耕地，有计划开展试点轮作休耕，积极开展休耕、改种饲草、用地养地结合的农田地力恢复试验，组织种植绿肥、种植根瘤菌作物，促进地力恢复。

4. 河南省

《河南省耕地河湖休养生息实施方案（2016—2030年）》提出积极稳妥推进耕地轮作休耕试点，其中，休耕试点：“十三五”期间对涉及地下水漏斗、重金属污染和生态严重退化地区的耕地使用情况进行摸底调查，对确需休耕的范围及应对措施进行分类研究；对重金属污染区，研究长期休耕措施，采取施用石灰、翻耕、种植绿肥等农艺措施，以及生物移除、土壤重金属钝化等措施，修复治理污染耕地；对生态严重退化地区，研究生物休耕措施，改种防风固沙、涵养水分、保护耕作层的植物，同时减少农事活动，促进生态环境改善；在济源、新乡等地下水漏斗区、重金属污染区、生态严重退化区等区域，探索开展耕地休耕试点；实行休耕补贴，引导农民自愿将重度污染耕地退出农业生产。轮作试点：大力发展优质花生，按照花生种植每3年轮作一次，实行花生与玉米、红薯等作物的轮作，改进推广玉米、花生通用农业作业机械。在沿黄及黄河故道潮土区及豫南砂姜黑土区，发展花生与玉米轮作为主；在豫西南、豫西黄褐土、黄棕壤土区，发展花生与红薯、谷子轮作。

5. 天津市

天津市在2016年颁布的《天津市土壤污染防治工作方案》中首次提出实行耕地轮作休耕制度试点；在《天津市打好净土保卫战三年作战计划（2018—2020年）》中要求推行秸秆还田、增施有机肥、少耕免耕、粮豆轮作、农膜回收利用等措施，实行耕地轮作休耕制度试点；在《天津市人民政府办公厅关于健全生态保护补偿机制的实施意见》（津政办发〔2017〕90 号）对轮作休耕提出了更具体的意见。2018 年，天津市在静海区设立了 7 万亩的耕地粮豆轮作试点区，在宁河区设立了 1000 万亩的绿肥休耕试点区，并对粮豆轮作和休耕对象进行财政补贴，标准为：种植一茬春豆类或麦豆轮作的农田，每亩补贴 200 元，同时享受农业支持保护补贴；休耕一季，种植二月蓝、油菜等品种绿肥还田的农田，每亩补贴 600 元，补贴款下一年度发到轮作和休耕农民手中。天津通过开展耕地轮作休耕，引导农民改变种植习惯，实现增产增效相统一、生产生态相协调。按照发展规划，天津市轮作休耕以南部地下水漏斗区为重点，兼顾东部、北部、中部、西部，在全市东、北、中、西不同生态区探索用地养地结合模式，同时与粮食生产功能区建设和绿色高产高效示范区创建相结合，发挥耕地轮作休耕在推进生态建设、保护耕地地力的综合作用。预计到 2030 年，天津市轮作休耕农田面积将达到 50 万亩①。

6. 安徽省

根据《安徽省新安江流域水资源与生态环境保护实施方案》（2015 年 3 月），安徽省拟在新安江沿岸试点农田休耕新模式。2018 年，国家下达安徽省 50 万亩轮作大豆试点任务，由亳州、宿州、阜阳三市七县（市、区）承担②。

7. 四川省

四川省在 2017 年 1 月颁布的省一号文件《关于以绿色发展理念引领农业供给侧结构性改革 切实增强农业农村发展新动力的意见》提出，“启动省级耕地轮作休耕制度试点，积极争取纳入国家试点范围”。2018 年 2 月出台的《中共四川省委 四川省人民政府关于实施乡村振兴战略开创新时代“三农”全面发展新局面的意见》明确提出，“扩大轮作休耕试点，建立市场化、多元化生态补偿机制”。2018 年 9 月的《四川省创新体制机制推进农业绿色发展实施方案》提出“建立耕地保育与轮作休耕制度”，“在土壤污染严重和土壤酸化严重等不宜连续耕作的农田开展轮作休耕试点”。

---

① 农业农村部：今年轮作休耕 3000 万亩任务已经落实 . 2018-09-04. [2018-10-19]. http://www.nongjitong.com/news/2018/443582.html.

② 省农委组织开展全省轮作大豆试点工作巡回督导推进活动 . 2018-08-14. [2018-10-19]. http://nync.ah.gov.cn/public/7021/11384571.html.

8. 广西壮族自治区

2017年2月21日《广西地下水管理办法》施行，明确“全区县级以上人民政府应当合理调整地下水污染地区的耕地用途，实行耕地轮作休耕，引导鼓励地下水易受污染地区优先种植需肥需药量低、环境效益突出的农作物”；同年5月22日，广西《加强耕地保护和改进占补平衡工作实施方案》要求“积极稳妥推进耕地轮作休耕试点，加强轮作休耕耕地管理，不得减少或破坏耕地，不得改变耕地地类，不得削弱农业综合生产能力；加大轮作休耕耕地保护和改造力度，优先纳入高标准农田建设范围”；同年12月7日，《西部大开发“十三五”规划广西实施方案》指出“探索开展耕地轮作休耕制度试点，大力推进种养结合等模式”，但广西尚未有确切的休耕规模和技术路径。

9. 其他省份

其他省份如湖北省、福建省和广东省等也在推行耕地轮作休耕。例如，《湖北省农业可持续发展规划（2016—2030年）》规划在黄石典型工矿企业周边农区、竹皮河污灌区，选择局部重点污染农区，探索建立农产品产地休耕试点，调整农业产业结构，修复受污染农区土壤与生态环境。《福建省土壤污染防治行动计划实施方案》提出“探索实行耕地轮作休耕制度试点”。《广东省土壤污染防治行动计划实施方案》要求韶关市“自2017年起，开展重度污染耕地轮作休耕制度试点工作”。《上海市农业委员会关于推进本市粮田季节性轮作休耕养地工作的通知》提出“进一步强化农业补贴政策指向性和精准性，围绕推进农业供给侧结构性改革和绿色生态发展，将支农惠农富农补贴政策向保护耕地和农业生态保护倾斜”，“鼓励种植户开展冬季轮作休耕”。

参考文献

卞民德. 2016-06-08. 淄博裴庄村31亩土地“撂荒”近5年，轮作休耕既保生态又养地力. 人民日报，(16).

陈兵. 2017-09-01. 用地养地结合 生产生态双赢. 农民日报，(1).

丁亚鹏. 2018-01-23. 以地养地，重构田园乡村——对苏南三地轮作休耕探索和实践的调查. 新华日报，(9).

郭东波. 2017-03-28. 吉林：试点200万亩耕地轮作. 中国经济导报，(A01).

黄国勤. 1996. 江西省耕作制度理论与实践. 南昌：江西科学技术出版社.

黄国勤. 2008. 江南丘陵区农田循环生产技术研究Ⅲ——江西稻田轮作制度的发展. 现代农业科技，(11)：231-233.

黄国勤，赵其国. 2017. 江西省耕地轮作休耕现状、问题及对策. 中国生态农业学报，(7)：

1002-1007.
黄国勤，张桃林，赵其国 . 1997. 中国南方耕作制度 . 北京：中国农业出版社 .
李芬，张林波，朱夫静 . 2015. 三江源区生态移民返牧风险的思考 . 农村经济与科技，(1)：19-22.
李昊，马晓刚 . 2018-05-03. 内蒙古粮食播种面积稳定在 8000 万亩以上 . 农民日报，(1).
申惠文 . 2015. 法学视角中的农村土地三权分离改革 . 中国土地科学，(3)：39-44.
王积军，熊延坤，周广生 . 2014. 南方冬闲田发展油菜生产的建议 . 中国农技推广，30（5）：6-8.
吴桂成，史平，高文伟 . 2019. 让耕地更肥　让生态更美——昆山耕地轮作休耕的探索实践 . 江苏农村经济，(06)：50-51.
谢敏 . 1989. 烟稻轮作效益及主要技术措施 . 江西农业科技，(1)：11-12.
姚振飞，王少华，潘玉兰 . 2017. 昆山市耕地轮作休耕试点探索 . 上海农业科技，(6)：27-28.
佚名 . 2017-09-01. 主动作为下好先手棋 . 农民日报，(1).
殷广德，仇美华，潘国良，等 . 2017. 江苏耕地轮作休耕制度试点模式 . 江苏农村经济：品牌农资，(1)：40-42.
庄社明 . 2017. 让疲惫的耕地歇好脚卯足劲——江苏省昆山市实施耕地轮作休耕的实践与思考 . 国土资源通讯，(17)：44-46.

第7章　中国轮作休耕制度体系基本框架构建[①]

7.1　区域差异化的轮作休耕模式设计

《试点方案》提出在地下水漏斗区、重金属污染区和生态严重退化地区开展休耕试点。但我国区域类型多样，在区域层面，应基于各自的问题导向、资源本底和耕地利用特点，针对性地设计差异化的轮作休耕模式（图7-1）。

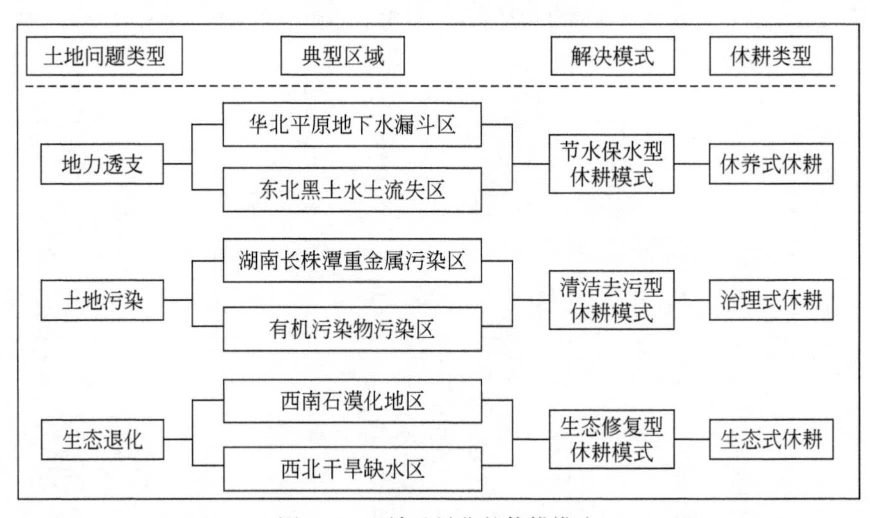

图7-1　区域差异化的休耕模式

第一，地下水漏斗区——节水保水型休耕模式。该区域土地利用的主要问题是地下水过度抽取，水位下降。休耕模式的设计要以减少耗水量大的作物的种植面积，补充地下水为导向，通过实施休耕，减少对地下水的开采。因此，该区域要探索节水保水型休耕模式，重点考虑地下水资源开采的承载能力和休耕对地下

① 本章内容已作为项目研究阶段性研究成果《中国耕地休耕制度基本框架构建》发表在《中国人口·资源与环境》2017年第12期。

水回补的影响，在休耕地推广既能肥地而需水量又少的作物，重塑水土平衡（杨邦杰等，2015）。政府应通过实行最严格的地下水管理制度、探索“水票”制度、发展节水型农业等，形成地下水漏斗区实行休耕的优化模式。

第二，重金属污染区——清洁去污型休耕模式。该区域土地利用的主要问题是土壤污染严重，休耕的目的是通过生物、化学等措施将重金属污染物从耕地中提取出来，防止重金属污染物危害食品安全。重金属污染区要探索清洁生产模式，通过实施休耕减少或切断土壤污染来源，使土壤逐渐恢复健康。该区域休耕模式的设计需要重点研究土壤污染类型及污染物迁移规律，研究将重金属从土壤中剥离的技术手段。政府应加强对土壤污染的监测，通过客土、种植非食源性经济作物、抑制重金属吸收等措施，形成重金属污染区的休耕模式。

第三，生态严重退化区——生态修复型休耕模式。该区域水土流失、石漠化、荒漠化等生态问题突出，休耕的主要目的是缓解生态压力，降低人类活动对生态系统的干扰程度，使生态系统得到恢复完善。该区域休耕模式的设计应重点考虑生态环境承载能力，建立土地生态安全评价模型，对当地土地生态状况进行科学把握，确定土地生态安全阈值，划定土地生态安全红线。要严密监测生态严重退化区休耕产生的生态效应①，保持政策的灵活性。与地下水漏斗区、重金属污染区的局部性相比，土地生态问题是全域问题，尤其是在生态严重退化区，该问题往往又与贫困等社会问题相叠加，成为该类型区域休耕模式设计必须考虑的因素。

《试点方案》提出了以上三个类型区的试点，实际上，我国三峡库区、东北黑土地、黄土高原等都是独特的地理单元，面临的土地利用问题各有差异，轮作休耕工作如在全国铺开，则需首先明确各个区域的问题导向和目标导向。此外，轮作休耕年限、补助标准、补助方式等都应因地制宜进行差异化设计。

7.2　轮作休耕地的诊断与识别

轮作休耕地的诊断与识别是指根据轮作休耕的影响因素判断哪些耕地应该轮作休耕的活动，需要建立包括耕地本底条件、经济社会条件、耕地利用状况等因素在内的诊断体系进行识别。只有将应休耕地识别出来，才能将休耕落到实地。

首先，让边际土地进行轮作休耕是目前学术界较为统一的观点。边际土地是指 2 个或多个异质系统的交错地段（或过渡地段），若开发利用不合理，将加剧水土流失、植被破坏（吴刚和高林，1998）。边际土地地区通常是生态脆弱地区，

---

① 石漠化地区休耕的正面效应是明显的，但是也有可能出现负面效应，如玉米秸秆在很多农村是燃料来源，休耕后农民缺乏燃料，可能会砍伐薪材，从而引起新的生态退化。

属于国土开发和整治的目标（吴国宝，1996）。但边际土地自然条件较差，不宜垦为农田。生态脆弱地区土地可持续利用的基本途径是将边际土地退下来，更有效率地利用质量好的耕地（王利文，2003）。应修正过去不同地区都追求粮食自给的做法，推进有利于环境保护的农业区域布局调整（杨雍哲，2004）。边际土地的粮食生产能力有限，其生态服务效用远大于粮食生产效用，轮作休耕边际土地不会对粮食供给产生大的影响，但可以更好地发挥其生态服务效用。

其次，地下水漏斗区、重金属污染区、生态严重退化区相对好识别，边际土地也有较为明显的标志，但除此之外是数量更为庞大、分布更为广泛、已经发生地力下降或生态退化但程度不是太大的其他耕地，这就需要利用耕地利用强度、污染程度、生产能力、生态退化程度等因素进行综合诊断与识别。例如，在耕地利用强度方面，应选取单位面积化肥施用量、农药施用量、农膜施用量等指标，划分耕地利用强度等级；在耕地污染程度方面，应通过科学布点采样，分析污染物的类型、污染级别；耕地生产能力的评价要充分利用农用地分等定级的成果，划分耕地生产能力等别；对于土地生态状况，应依据植被覆盖度、景观多样性、水土流失强度等，对土地退化的类型、范围及退化程度进行评估，得出耕地退化程度等级。

最后，通过建立综合评价模型，划分不同迫切等级的休耕地，如高度迫切、中度迫切、低度迫切、不迫切，并落实到土地利用现状图上。

对边际土地和受损土地实行轮作休耕，并不意味着优质耕地不需要轮作休耕，从理论上讲，只要条件具备，所有的耕地都应该实行轮作休耕。以我国目前的情况，应首先让边际土地和受损土地逐步恢复产能，待其复耕后，再让受损程度较轻的耕地进行轮作休耕。

7.3 轮作休耕规模的测定

轮作休耕地识别出来之后，并不意味着所有识别出来的耕地都应立即进行轮作休耕。如果轮作休耕规模太小，耕地得不到休养生息的机会，其耕作条件可能会进一步恶化；如果仅从生态安全角度出发，则会要求生态敏感区、生态脆弱区的耕地全部轮作休耕，但又因轮作休耕规模过大而影响粮食安全。

第一，在全国层面，不同的学者研究结论差异巨大，认为休耕规模占全国耕地面积比例从0.7%～20%不等（张慧芳等，2013；李凡凡和刘友兆，2014；罗婷婷和邹学荣，2015）。财政部曾向国务院建议休耕$0.13\times10^{8}hm^{2}$①，约占全国耕

① 粮食库存高企生态过载休耕是否可行．2015-04-17．［2018-10-20］．http：//china.caixin.com/2015-04-17/100801220.html.

地面积的 10%。在地市层面，赵雲泰等（2011）的研究结果表明，区域虚拟休耕规模占当地耕地总数的 0.84% ~8.38%。虽然全国层面的大规模休耕尚未成形，但除《试点方案》确定的河北、湖南、云南、贵州、甘肃五省外，新疆、江苏、陕西等地已确立省级试点，全国休耕试点面积也由 2016 年的 116 万亩扩大到 2019 年的 500 万亩。可以预见，未来休耕的规模和范围将会继续扩大，休耕规模的合理确定愈发迫切。

第二，轮作休耕客观上会导致粮食产量减少，国家必须在总量上对轮作休耕规模进行控制，不能触及粮食安全的底线。一般来说，轮作休耕规模与粮食自给率呈反比例关系，粮食自给率越高，轮作休耕规模越小；粮食自给率越低，轮作休耕规模越大（图 7-2）。在我国，轮作休耕规模的上限是耕地总量与确保粮食安全所需耕作的耕地面积之间的差额，轮作休耕规模的下限为保证粮食自给率达到 100% 以外的耕地。不同的粮食安全（粮食自给）水平下会有不同的轮作休耕规模，轮作休耕对粮食安全的影响必须可控。但是影响粮食安全的因素很多，耕地生产潜力、人口规模、人均粮食消费、种植结构、食物结构、农业科技进步等都会对粮食需求和供给产生影响，且这些因素本身也处于不断变化中，有待深入研究。因而，要科学识别和选择影响粮食安全的因子，建立粮食安全模型，进而建立轮作休耕规模预测模型。此外，轮作休耕规模还要考虑外部因素，全国层面要考虑国际因素（国际粮食市场）；省域层面要考虑区域协调（粮食调配）；县域层面应考虑口粮安全（县内平衡）。

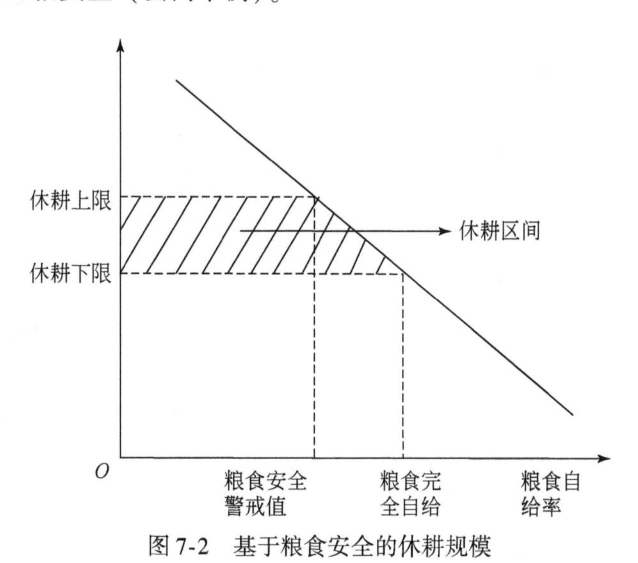

图 7-2　基于粮食安全的休耕规模

第三，轮作休耕规模应有一定的弹性。美国 CRP 规定农民在一定申请期内自愿向政府提出休耕申请，政府进行总量控制，每个县最多有不超过25%的耕地可纳入CRP。欧盟2000年将休耕面积比例固定为10%，由于国际粮食市场出现波动，将2004~2005年度的休耕比例降为5%，2007~2008年度的土地休耕率甚至降为零，粮食紧张缓解后，休耕政策再度实行。欧美国家经验表明，轮作休耕规模需要根据内外环境的变化而及时进行调整。因此，我国轮作休耕规模也应该随着国际粮食市场、国内粮食生产能力的变化进行灵活调整。

面对全国各地积极开展轮作休耕的形势，要对轮作休耕对我国粮食安全的影响有充分的认识，科学的评估，应基于粮食安全、生态安全、社会经济发展，构建耕地轮作休耕规模综合预测模型，合理确定全国轮作休耕规模的上限。

7.4 轮作休耕地的时空优化配置

轮作休耕地的时空配置的本质是不同时点和不同区域之间的组合问题，也就是哪些耕地在什么时候进行轮作休耕，从而实现对轮作休耕地的宏观调控。

第一，轮作休耕地识别完成和规模确定后，为了提高轮作休耕的效率，有必要对轮作休耕地的时空配置进行统筹协调，以达到最大的效益。在试点区域以外，什么时点、哪些区域应该实行什么样的轮作休耕，中央政府（至少是省级政府）应该有基本的判断。例如，平原地区和丘陵山区如何搭配，水田和旱地如何组合，即使在平原内部，是面状的休耕还是网状的休耕更有效率；在丘陵山区，是流域性的休耕还是组团式的休耕更有利于生态环境的恢复，这些问题都是时空配置问题，需要在宏观上进行把控。轮作休耕地的时空配置可以从建设用地增量时空配置、农村居民点整理时空配置等研究中获得有益思路，通过集成地理信息系统（GIS）空间分析技术，构建轮作休耕地时空配置技术体系，实现对轮作休耕地时空配置的优化。

第二，将轮作休耕纳入国土空间规划、基本农田建设规划，明确轮作休耕的时限、规模、分布，通过规划实现对轮作休耕的调控。调控的手段包括经济手段、法律手段和行政手段。可以考虑三种调控思路：一是轮作休耕在全国层面顺次推开，以我国耕地总量为上限，以一定年限为周期，每年强制休耕一定规模耕地，这样就可以让全国所有的耕地都能获得轮作休耕的机会。该方案的优点是实施成本相对低，调控难度相对小，但不利于调动地方积极性，对区域的差异性考虑不够。二是由各地申报，逐级汇总，再由中央核定。该方案的优点是因地制宜，针对性强，但交易成本高，容易出现农民个体行为与国家整体利益不匹配的情况[①]。三是中央将

① 例如，国家从生态安全和保护地力的角度出发，要求在某些区域进行休耕，但如果让农民自愿申请，农民很可能为了获得口粮不愿休耕。

轮作休耕规模的控制下放到各省，由省级政府自行制定轮作休耕规模、时序安排和空间布局的计划。该方案既维持了中央对全国轮作休耕的管控力，又能调动地方的积极性，激发各地针对自身情况做出较为合理的轮作休耕安排，比较符合我国国情。

轮作休耕地的诊断与识别将轮作休耕地落实在具体区域上，轮作休耕规模综合考虑了粮食安全、生态安全和社会经济发展状况，轮作休耕地的时空配置则是将轮作休耕区域、轮作休耕规模和轮作休耕时间进行优化组合，实现对轮作休耕“定位、定量、定序”的宏观调控。

7.5　轮作休耕补助标准及补助方式

轮作休耕在短期内会对耕地承包经营者造成一定的经济损失，轮作休耕补助是国家为了弥补轮作休耕对农户造成的损失而给予农户等量的货币或实物补助。轮作休耕补助是休耕制度运行的核心动力。

第一，轮作休耕补助标准应体现耕地的经济价值和社会价值。中国耕地除了和发达国家具有同样的经济功能外，还承担社会保障功能（图 7-3）。即使是经济功能，也不仅仅限于种植业本身，还有可能涉及养殖业①。因此，我国轮作休耕补助的下限是经济价值的价格体现，上限是经济价值和社会价值的总和。根据课题组对西南地区的初步研究，国家制定的休耕补助标准是比较真实的耕地经济价值的体现，但可能略有偏低，原因是可能低估了耕地的社会价值（西南地区的多年性休耕与华北地区的季节性休耕有显著区别，河北粮食自给率高，季节性休耕不会对农户粮食安全造成大的影响；生态严重退化区是连续休耕 3 年，且生态

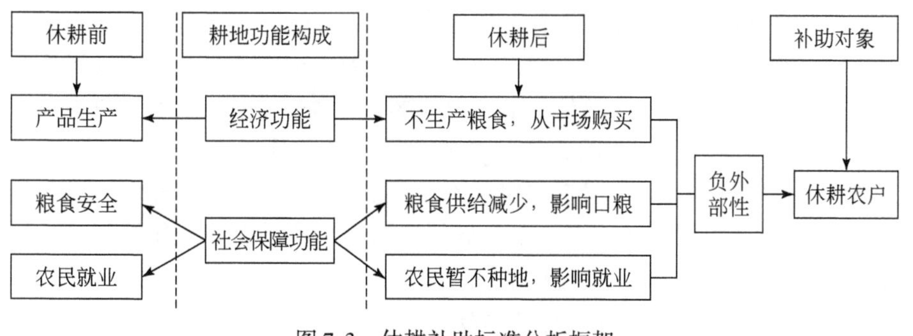

图 7-3　休耕补助标准分析框架

① 在我国广大农村，耕地的产出在为农民提供粮食来源的同时，还是家畜家禽的饲料，因此，休耕还会引起农村养殖结构的变化，减少农村食粮型禽畜的养殖。

严重退化区大都处于粮食供给紧平衡状态，甚至有些地区需要外调，连续多年休耕必然打破这种平衡，意味着农户需要从市场上获得粮食。且休耕减少了区域粮食供给，极有可能抬高粮价)。此外，还需建立农户模型模拟不同补助标准对农户轮作休耕决策的影响。如有研究认为中国台湾地区的高额休耕补贴影响了农民出租土地的意愿，阻碍了土地规模化经营和有效利用（谢祖光和罗婉瑜，2009)。

第二，轮作休耕的补助方式应结合当地的自然条件、经济社会状况制定，采用差异化多元补助相结合的制度。补助的方式有直接补助和间接补助（或称货币补助和实物补助)。在粮食主产区应以货币补助为主，因为粮食主产区粮食自给率高，农户多有余粮，以粮食作为实物补助效用不大。在西南地区等非粮食主产区则宜以实物补助为主，货币补助为辅。尤其是丘陵山地等区位比较偏僻、交通较为闭塞、粮食安全缺乏保障的地区，粮食补助应由当地政府统一发放到农户手中，减轻农民运输粮食的压力，确保农户口粮安全。同时，要加强农户轮作休耕知识、休耕技术的培训和教育，做好农业劳动力的转移安置工作。

轮作休耕补助把过去对农产品价格的补贴，转变为对耕地产能方面的补贴，有利于适应 WTO 的规定。此外，轮作休耕补助还应参照生态补偿、退耕还林（还草）等相关补偿理论，研究轮作休耕的补助标准、方式和途径，以及轮作休耕补助与国家已经实行的农业补贴的兼容性。

7.6 轮作休耕行为主体的响应及协调

我国轮作休耕涉及的相关利益主体较多，不同的利益主体有不同的价值取向和利益诉求。探索实行轮作休耕制度会对哪些主体产生什么样的影响，研判主体可能采取的应对行为，研究达到各方利益均衡的路径。

第一，轮作休耕主体辨析。欧美实行休耕涉及的利益主体主要包括各级政府、专业部门和农场主。我国与资本主义国家的土地制度差异导致休耕涉及主体有显著差别。具体来讲，我国轮作休耕制度涉及的主体包括政府主体如中央政府、各级地方政府；农地产权主体如集体经济组织（所有者)、农户（承包经营者)；社会主体如土地流转大户、家庭农场、农业企业、农业合作社等，总体上涉及主体量多且多元，关系相对复杂。

第二，各主体对轮作休耕制度的响应。轮作休耕主体是否响应、如何响应、响应程度等问题有待开展系统研究。可以对各主体进行层级划分：政策制定者→政策传导（落实）者→政策执行者。中央政府作为轮作休耕制度的供给者和顶层设计者，具备较强的轮作休耕意愿，通过轮作休耕实现“藏粮于地”，增强农业可持续发展能力的目标。各级地方政府（包括省、市、县、乡镇）由于层级较多和“地方政府公司主义”的存在，政策在传导落实过程中可能会出现效能递减和行政成本过高的现象。农户对轮作休耕的响应受轮作休耕补助金额的影响较大，一般来讲，补助越高，响应越积极；如果补助过低，影响其收入和生计，就会存在一定的阻力。

第三，各行为主体的协调。由于轮作休耕各主体的行为目标并非一致，最终的制度是各相关利益主体谈判博弈的结果，因此，需要明晰各主体的行为特征与功能，剖析它们之间的相互作用机理，研究利益主体的博弈关系，建立利益主体相互协调机制。可以预见，中央政府与地方政府以及农户之间的博弈将会十分复杂。在利益主体的协调中，专业性的社会组织①作为连接政府和农户的纽带，可以在其中发挥重要作用，减少政府与农户的谈判成本。政府可以通过购买公共服务的方式，将农村基础设施建设、农田水利设施建设向休耕地区倾斜，改善休耕地区农民的生产、生活条件。

轮作休耕制度是各相关利益主体博弈、协调统一的契约形式，是各方利益均衡的结果，要厘清利益主体的行为模式，找到各利益主体“意愿和要求的最大公约数”。

7.7　轮作休耕地的利用与管理

耕地休耕、退耕、撂荒都是减小耕地压力的行为，但轮作休耕不是对耕地置之不管，而是主动让耕地休养生息，是保护、养育、恢复地力的积极措施，休耕结束后需重新耕作。退耕主要针对25°以上的坡耕地和沙化土地等不宜耕作的土地，退耕后不再耕作。撂荒则是消极的土地利用行为，不仅会造成耕地资源的浪费，也不利于耕地的保护。撂荒、退耕会促进植被恢复，加快“森林转型”（李秀彬和赵宇鸾，2011）。长期休耕极容易造成耕地废耕，增加复耕难度。中国台湾地区农地休耕政策由于忽视了对休耕地的管护，出现农业生产指数下降、土地资源闲置、农地低效利用等问题。因此，轮作休耕期间应采取积极措施，加强对耕地的管理和保护，恢复和保持耕地的产能。制约我国农业可持续发展的突出问题是农业发展方式普遍粗放，农业基础设施建设和生产条件总体滞后。针对我国农业基础设施的短板，在休耕的同时进行土地整治和培肥地力，夯实农业发展基础，一旦复耕后，就能迅速形成产能，这也是国际惯常做法。如前所述，应针对不同类型的休耕区域，设计差异化的土地整治模式：干旱缺水地区重点建设农田水利设施、灌溉设施；重金属污染区通过土壤修复技术降低土壤中重金属含量；

① 建议在村民委员会内部设立休耕委员会，成员包括所有参加休耕的农户。

生态退化区重点推行坡改梯、水土保持工程。在轮作休耕面积较小、分布较零散时，要集中规模使用有一定的难度，但随着轮作休耕规模的扩大，应设法对轮作休耕土地进行整合利用，形成规模效应，与农业供给侧结构性改革、农业结构调整有效对接。通过轮作休耕稳定和提升耕地产能，是我国增强农业发展后劲的必经之路。

7.8　轮作休耕的监测评估

轮作休耕制度本身需要保持一定的灵活性，需要对轮作休耕的客体、主体进行监测，以便及时反馈调整。欧美国家及日本休耕责权清晰，有相应的奖惩措施，且在轮作休耕实行一定时期后进行评估，及时调整轮作休耕政策。

一是对轮作休耕的客体——耕地地力、生态环境即土地健康状况的监测。轮作休耕不能改变土地的农业用途，不能因为休耕期内暂停对耕地的利用而搞非农建设，待休耕结束后再变为耕地。在试点区域加快土壤环境监测能力建设，逐步完善国家、省、市、县四级土壤环境监测网络，建立土壤环境信息管理系统，实现对各地土壤环境状况的动态化、信息化管理。在已有的休耕耕地质量监测指标基础上，增加对水土流失、休耕地生物量等生态环境指标的监测。同时，要对边际土地的利用进行监测，防止休耕农户为了增加粮食而开发利用未纳入休耕的边际土地，造成新的生态破坏①。

二是对制度实施主体——农户行为的监测。通过与轮作休耕农户签订协议约束和规范农户的轮作休耕行为。但由于协议双方的有限理性和交易费用的存在，形成了现实契约的不完全性，降低了轮作休耕政策作为公共产品的运行效率。因此，需要研究“不完全契约”情形下降低交易费用、提高制度运行效率的途径。休耕期间，休耕地应交由休耕主管部门统一管理。禁止休耕地非农化，不得在休耕耕地上种植主粮作物，休耕地只能用于休耕主管部门统一组织的耕地管护活动。建立完善处罚机制，对签订了轮作休耕协议却不履行轮作休耕责任的农户进行惩戒。加强对休耕地区农民收入、人口流动的监测，建立与休耕地区农民收入状况、粮食安全相挂钩的复耕机制②。

三是建立轮作休耕制度运行绩效评估指标体系，针对不同类型的试点区

---

① 在休耕户没有粮食压力的情况下，开发利用边际土地的可能性不大。但如果粮食压力增加（如人口增加、返乡务农、政府补助不及时到位等），休耕户极有可能会转向对边际土地的开发利用，造成新的生态破坏。为了维持生计，农民开发利用产权不明晰、地力较差的边际土地的历史现象是存在的。

② 由于我国休耕制度尚在试点阶段，各界关注的焦点是如何进行休耕，对复耕的研究尚属空白，但缺乏复耕机制的休耕制度是不完整的。发达国家和我国台湾地区都有相应的复耕机制，应引起重视。

域，以县为基本单元，在第一个试点周期结束后，通过第三方对轮作休耕制度进行耕地地力、生态效益、经济效益、社会效益的综合评估，通过评估找出轮作休耕过程中存在的问题和薄弱环节，研究其产生的原因并找出解决的对策。将评估结果作为改进轮作休耕制度的重要参考和下一轮轮作休耕的前置条件。同时，将评估结果纳入当地轮作休耕主管部门当年的目标考核体系，作为重要的考核指标。

7.9　构建与现有耕地保护相兼容的法律法规体系

将轮作休耕制度通过法律法规固定下来，提升轮作休耕的法律地位。①建立轮作休耕相关法律法规体系，将轮作休耕作为农业政策和土地管理政策的重要内容。2019 年 1 月 1 日起实施的《中华人民共和国土壤污染防治法》将“轮作休耕”写入了该法，要求“地方人民政府农业农村主管部门应当鼓励农业生产者采取有利于防止土壤污染的种养结合、轮作休耕等农业耕作措施”“各级人民政府及其有关部门应当鼓励对严格管控类农用地采取调整种植结构、退耕还林还草、退耕还湿、轮作休耕、轮牧休牧等风险管控措施，并给予相应的政策支持”，轮作休耕制度的合法性得到确定。修订后于 2020 年 1 月 1 日起施行的《中华人民共和国土地管理法》规定“各级人民政府应当采取措施，引导因地制宜轮作休耕，改良土壤，提高地力，维护排灌工程设施，防止土地荒漠化、盐渍化、水土流失和土壤污染。”未来，轮作休耕应进一步纳入《中华人民共和国农业法》等法律法规的条文当中，形成轮作休耕的法律法规体系。②轮作休耕制度作为中国耕地保护制度的新的重要组成部分，轮作休耕制度要与现有的土地产权制度、土地管理制度、退耕还林还草等制度相兼容、相衔接。中国农地实行家庭承包经营制度，与私有制国家（地区）的土地制度和经营利用方式存在显著差异，因此，中国不能直接套用私有制国家（地区）农场经济实行休耕的经验和做法。土地承包经营权本身是一种不断发展完善的权益，且目前学术界对承包权、经营权的法律属性仍然存在较大分歧，该认识的分歧必然会传导到休耕的权利主体，一些地方承包地的频繁调整也会增加休耕制度的设计成本。休耕制度的实施必须在已完成土地承包经营权确权登记的地区开展，否则，一旦承包经营使用主体发生变更，将会引起权益纠纷。对已经发生土地流转的承包地实行休耕，休耕的补助主体、监督主体、实施主体也需要明晰，尤其是休耕补助的归属。③逐步建立完善与轮作休耕相配套的政策，如土地登记制、税收和信用制等，此外还有地方政府粮食生产目标的考核制度改革等。

7.10 以轮作休耕为平台的耕地综合治理机制

轮作休耕和耕地综合治理都是“藏粮于地”战略的重要抓手。①建议在轮作休耕区域重点进行耕地综合治理，轮作休耕区域作为耕地整治的重点区域。例如，三峡库区、东北黑土地区、黄土高原区、南方红壤区、青藏高寒区等都是独特的地理单元，也是土地整治的重点、难点区域，未来随着中国轮作休耕制度逐步推广，耕地轮作休耕与土地治理协同推进的现实需求将愈发强烈，迫切需要根据各地理单元特殊的土地利用问题，探索耕地休养生息与土地治理协同推进的耦合机制，建立两者协同的耕地休养制度。②在微观的项目开展方面，建议探索轮作休耕与耕地治理同时进行的协同机制，如在耕地轮作休耕期间同时进行农田基础设施建设，在高标准农田建设中协同安排轮作休耕。③建立区域差异化的轮作休耕与耕地治理模式。例如，地下水漏斗区应通过连续多年季节性休耕制度、实行最严格的地下水管理制度、探索“水票”制度、发展节水型农业等，形成地下水漏斗区实行休耕的优化模式；重金属污染区推行种植制度改革，并建立农产品质量安全制度；生态退化区建立耕地生态安全保护制度，实施生态式休耕。

参考文献

陈展图，杨庆媛．2017. 中国耕地休耕制度基本框架构建．中国人口·资源与环境，27（12）：126-136.

李凡凡，刘友兆．2014. 中国粮食安全保障前提下耕地休耕潜力初探．中国农学通报，30（Z）：35-41.

李秀彬，赵宇鸾．2011. 森林转型、农地边际化与生态恢复．中国人口·资源与环境，(10)：91-95.

罗婷婷，邹学荣．2015. 撂荒、弃耕、退耕还林与休耕转换机制谋划．西部论坛，(2)：40-46.

王利文．2003. 北方生态脆弱地区土地可持续利用研究．中国农村经济，(12)：58-63.

吴刚，高林．1998. 三峡库区边际土地的合理开发及其可持续发展．环境科学，(1)：89-93.

吴国宝．1996. 对中国扶贫战略的简评．中国农村经济，(8)：26-30.

谢祖光，罗婉瑜．2009. 从台湾休耕政策谈农地管理领域：农地利用管理//2009 年海峡两岸土地学术研讨会论文集．北京：中国土地学会．

阎建忠．2018-09-18. 调整我国休耕方式和休耕补助标准．中国社会科学报，(7).

杨邦杰，汤怀志，郧文聚，等．2015. 分区分类科学休耕重塑京津冀水土利用新平衡．中国发展，15（6）：1-4.

杨庆媛．2017. 协同推进土地整治与耕地休养生息．中国土地，(5)：19-21.

杨庆媛．2018-09-18. 西南石漠化地区休耕制度建设刍议．中国社会科学报，(7).

杨庆媛，陈展图，信桂新，等. 2018. 中国耕作制度的历史演变及当前轮作休耕制度的思考. 西部论坛，28（2）：1-8.
杨雍哲. 2004. 环境保护与农业的可持续发展. 求是，(5)：12-15.
张慧芳，吴宇哲，何良将. 2013. 我国推行休耕制度的探讨. 浙江农业学报，25（1）：166-170.
赵雲泰，黄贤金，钟太洋，等. 2011. 区域虚拟休耕规模与空间布局研究. 水土保持通报，31（5）：103-107.

附　　录

表　国家重要文件、规划、政策对轮作休耕的阐述

时间	文件、规划、法律名称	轮作休耕要点
2015 年 10 月 29 日	《中共中央关于制定国民经济和社会发展第十三个五年规划的建议》	探索实行耕地轮作休耕制度试点
2015 年 11 月 15 日	《关于〈中共中央关于制定国民经济和社会发展第十三个五年规划的建议〉的说明》	关于探索实行耕地轮作休耕制度试点。经过长期发展，我国耕地开发利用强度过大，一些地方地力严重透支，水土流失、地下水严重超采、土壤退化、面源污染加重已成为制约农业可持续发展的突出矛盾。当前，国内粮食库存增加较多，仓储补贴负担较重。同时，国际市场粮食价格走低，国内外市场粮价倒挂明显。利用现阶段国内外市场粮食供给宽裕的时机，在部分地区实行耕地轮作休耕，既有利于耕地休养生息和农业可持续发展，又有利于平衡粮食供求矛盾、稳定农民收入、减轻财政压力。 实行耕地轮作休耕制度，国家可以根据财力和粮食供求状况，重点在地下水漏斗区、重金属污染区、生态严重退化地区开展试点，安排一定面积的耕地用于休耕，对休耕农民给予必要的粮食或现金补助。开展这项试点，要以保障国家粮食安全和不影响农民收入为前提，休耕不能减少耕地、搞非农化、削弱农业综合生产能力，确保急用之时粮食能够产得出、供得上。同时，要加快推动农业走出去，增加国内农产品供给。耕地轮作休耕情况复杂，要先探索进行试点
2015 年 12 月 31 日	《中共中央 国务院关于落实发展新理念加快农业现代化实现全面小康目标的若干意见》(2016 年中央一号文件)	探索实行耕地轮作休耕制度试点，通过轮作、休耕、退耕、替代种植等多种方式，对地下水漏斗区、重金属污染区、生态严重退化地区开展综合治理

续表

时间	文件、规划、法律名称	轮作休耕要点
2016年3月17日	《中华人民共和国国民经济和社会发展第十三个五年规划纲要（2016—2020年）》	第四篇 推进农业现代化→第十八章 增强农产品安全保障能力→第五节 促进农业可持续发展：重点在地下水漏斗区、重金属污染区、生态严重退化地区，探索实行耕地轮作休耕制度试点
2016年4月11日	《全国种植业结构调整规划（2016—2020年）》	构建用地养地结合的耕作制度。根据不同区域的资源条件和生态特点，建立耕地轮作制度，促进可持续发展。……以保障国家粮食安全和农民种植收入基本稳定为前提，在地下水漏斗区、重金属污染区、生态严重退化地区开展休耕试点。禁止弃耕、严禁废耕，鼓励农民对休耕地采取保护措施
2016年4月	《国土资源“十三五”规划纲要》	第三章 以创新增强国土资源事业发展新动力→第五节 创新耕地保护制度→建立耕地保护补偿制度。……配合有关部门，重点在地下水漏斗区、重金属污染区、生态严重退化地区探索实行耕地轮作休耕制度试点
2016年6月	《探索实行耕地轮作休耕制度试点方案》	全文
2016年11月	《耕地草原河湖休养生息规划（2016-2030年）》	到2030年，……，建立合理的轮作体系和休耕制度，耕地利用高效、质量稳定、环境安全的总体格局基本形成。 休耕：……到2030年，在确保重要农产品供需平衡的前提下，逐步建立合理的休耕制度，有效治理受污染耕地，促进耕地地力恢复和生态环境改善。 轮作：……到2030年，逐步建立合理的耕地轮作体系，促进农业生产和耕地资源保护协调发展
2016年12月31日	《中共中央 国务院关于深入推进农业供给侧结构性改革加快培育农业农村发展新动能的若干意见》（2017年中央一号文件）	推进耕地轮作休耕制度试点，合理设定补助标准

续表

时间	文件、规划、法律名称	轮作休耕要点
2017年1月26日	《农业部关于推进农业供给侧结构性改革的实施意见》(农发〔2017〕1号)	扩大耕地轮作休耕制度试点规模。实施耕地、草原休养生息规划。适当扩大东北冷凉区和北方农牧交错区轮作试点规模以及河北地下水漏斗区、湖南重金属污染区、西南西北生态严重退化区休耕试点规模。完善耕地轮作休耕推进协调指导组工作机制，会同有关部门组织开展定期督查。组织专家分区域、分作物制定完善轮作休耕技术方案，开展技术培训和巡回指导。开展遥感动态监测和耕地质量监测，建立健全耕地轮作休耕试点数据库，跟踪试点区域作物种植和耕地质量变化情况
2017年9月30日	《中共中央办公厅 国务院办公厅关于创新体制机制推进农业绿色发展的意见》	(九)建立耕地轮作休耕制度 推动用地与养地相结合，集成推广绿色生产、综合治理的技术模式，在确保国家粮食安全和农民收入稳定增长的前提下，对土壤污染严重、区域生态功能退化、可利用水资源匮乏等不宜连续耕作的农田实行轮作休耕。降低耕地利用强度，落实东北黑土地保护制度，管控西北内陆、沿海滩涂等区域开垦耕地行为。全面建立耕地质量监测和等级评价制度，明确经营者耕地保护主体责任。实施土地整治，推进高标准农田建设
2018年1月2日	《中共中央 国务院关于实施乡村振兴战略的意见》(2018年中央一号文件)	扩大耕地轮作休耕制度试点
2018年1月18日	《2018年种植业工作要点》(农业部)	扩大轮作休耕试点。扩大试点规模，轮作休耕试点面积扩大到2400万亩。扩大试点范围，增加东北寒地水稻低产区、新疆塔里木河流域地下水超采区等地区。创新实施办法，推行老任务老办法、新任务新办法，原有试点继续实行，新增加的任务实行申报制度，选择一批重点县(市)开展轮作整建制推进，选择一批重点乡镇和行政村开展休耕整建制推进。加强指导服务，组织专家分区域、分作物制定完善轮作休耕技术意见，形成一批生产生态兼顾的耕作制度，集成一批用地养地结合的技术模式。强化监督检查，开展遥感动态监测和耕地质量监测，跟踪试点区域作物种植和耕地质量变化情况，对轮作休耕试点效果继续开展第三方评价。加快形成一套可复制可推广的组织方式、技术模式和政策框架，实现轮作休耕常态化、制度化

续表

时间	文件、规划、法律名称	轮作休耕要点
2018 年 2 月	《2018 年农产品质量安全工作要点》（农业部）	加强农业资源养护，统筹山水林田湖草治理。打好农业面源污染防治攻坚战，实施农业绿色发展重大行动。推进耕地土壤污染详查，加强耕地土壤与农产品协同监测，开展耕地土壤环境质量类别划分和重金属污染区耕地修复治理试点，分区域分品种进行受污染耕地安全利用示范，扩大轮作休耕制度试点规模，不断提升耕地质量
2018 年 6 月 16 日	《中共中央 国务院关于全面加强生态环境保护 坚决打好污染防治攻坚战的意见》	对生态严重退化地区实行封禁管理，稳步实施退耕还林还草和退牧还草，扩大轮作休耕试点，全面推行草原禁牧休牧和草畜平衡制度
2018 年 9 月	《乡村振兴战略规划（2018－2022 年）》（中共中央国务院）	降低耕地开发利用强度，扩大轮作休耕制度试点，制定轮作休耕规划
2019 年 1 月 1 日起实施	《中华人民共和国土壤污染防治法》	第二十七条：……地方人民政府农业农村主管部门应当鼓励农业生产者采取有利于防止土壤污染的种养结合、轮作休耕等农业耕作措施；支持采取土壤改良、土壤肥力提升等有利于土壤养护和培育的措施；支持畜禽粪便处理、利用设施的建设。 第五十四条：……各级人民政府及其有关部门应当鼓励对严格管控类农用地采取调整种植结构、退耕还林还草、退耕还湿、轮作休耕、轮牧休牧等风险管控措施，并给予相应的政策支持
2019 年 1 月 3 日	《中共中央 国务院关于坚持农业农村优先发展做好“三农”工作的若干意见》（2019 年中央一号文件）	扩大轮作休耕制度试点

续表

时间	文件、规划、法律名称	轮作休耕要点
2019年2月2日	《农业农村部办公厅关于印发〈2019年种植业工作要点〉》（农办农〔2019〕1号）	17. 扩大耕地轮作休耕制度试点。进一步完善组织方式、技术模式和政策框架，巩固耕地轮作休耕制度试点成果。调整优化试点区域，将东北地区已实施3年到期的轮作试点面积退出，重点支持长江流域水稻油菜、黄淮海地区玉米大豆轮作试点；适当增加黑龙江地下水超采区井灌稻休耕试点面积，并与三江平原灌区田间配套工程相结合，推进以地表水置换地下水。鼓励试点省探索生态修复型、地力提升型、供求调节型等轮作休耕模式，丰富绿色种植制度内涵。继续开展试点区耕地质量监测、卫星遥感监测、第三方评估，确保完成3000万亩轮作休耕试点任务
2020年1月1日	《中华人民共和国土地管理法》	第三十六条 各级人民政府应当采取措施，引导因地制宜轮作休耕，改良土壤，提高地力，维护排灌工程设施，防止土地荒漠化、盐渍化、水土流失和土壤污染
2020年2月6日	《农业农村部办公厅关于印发〈2020年种植业工作要点〉的通知》（农办农〔2020〕1号）	（十）稳步推进耕地轮作休耕试点。实施轮作休耕试点面积3000万亩以上，以轮作为主、休耕为辅，扩大轮作、减少休耕。稳定东北地区玉米—大豆为主的轮作面积，重点扩大长江流域和黄淮海地区水稻—油菜、玉米—大豆或花生等轮作规模，适当扩大西北地区小麦—薯类或豆类、玉米—豆类等轮作规模。逐步退出地方积极性不高、试点效果一般、三年试点到期的休耕任务
2020年5月	《全国重要生态系统保护和修复重大工程总体规划（2021—2035年）》	健全耕地草原森林河流湖泊休养生息制度，建立完善市场化、多元化生态保护补偿机制

后　记

从2016年4月立项到2019年底评审结项，国家社会科学基金重大项目“实行耕地轮作休耕制度研究”历经了3年多的研究时间。在此期间，课题组先后对国家探索实行耕地轮作休耕制度试点的重点区域——河北、甘肃、云南、贵州、湖南、内蒙古等进行了调研，同时对四川、重庆、广西等非国家轮作休耕制度试点区展开了补充调研。为此，对以上述及的各个省（自治区、直辖市）的农业农村、自然资源、科技等相关主管部门表示感谢！同时，感谢轮作休耕制度试点的一线工作者、相关专家学者、受访农户和农业经营主体等给予项目帮助的每一个人，以及参与项目研究的各位老师、同学，谢谢你们！

2020年初全球暴发新冠病毒疫情。疫情对国际贸易体系、居民消费体系、粮食安全体系等造成了一系列冲击，很多国家及时出台了应对疫情的新政。在此背景下，我国实行耕地轮作休耕制度的国际、国内环境出现了新的变化，构建更加安全、有效的粮食保障体系和耕地保护体系愈发重要。自我国探索实行耕地轮作休耕制度以来，轮作休耕的组织方式、政策体系、生产技术模式建设等方面取得了显著成效，“中央统筹、省级负责、县级实施”的轮作休耕机制正逐步建立。但我国的轮作休耕制度仍有一系列的关键问题需要深入探讨，这些关键问题也就构成了轮作休耕制度完善的方向。

第一，实施精准轮作休耕的时空配置技术体系。精准轮作休耕的时空配置技术体系包括轮作休耕区域和地块的选择、轮作休耕的合理规模确定和轮作休耕地的时空配置优化三个方面。一是轮作休耕区域和地块的选择。需要建立包括耕地本底条件、经济社会条件、耕地利用状况等因素在内的诊断体系进行识别，确保轮作休耕落到实地。二是轮作休耕的合理规模确定。基于粮食安全、生态安全、财政支撑等方面的情况构建耕地轮作休耕规模综合预测模型，合理确定全国轮作休耕规模的上限是谨慎实施轮作休耕制度的题中之义。全国层面要考虑国际粮食市场，省域层面要考虑区域粮食调配，县域层面应考虑县内平衡。三是轮作休耕地的时空配置优化。即哪些耕地在什么时候进行轮作休耕，不同时间和不同区域之间的耕地如何组合起来进行轮作休耕，以提高轮作休耕的空间效益。科学的轮作休耕时空配置技术体系是实现对轮作休耕“定位、定量、定序”宏观调控的重要技术支撑。

第二，耕地轮作休耕的调控机制及技术模式。具体包括三种调控思路：一是轮作休耕在全国层面顺次推开，以我国耕地总量为上限，以一定年限为周期，每年强制休耕一定规模耕地，这样就可以让全国所有的耕地都能获得轮作休耕的机会。该方案的优点是实施成本相对低，调控难度相对小，但不利于调动地方积极性，对区域差异性考虑不够。二是由各地申报，逐级汇总，再由中央核定。该方案的优点是因地制宜，针对性强，但交易成本高，容易出现农民个体行为与国家整体利益不匹配的情况。三是中央将轮作休耕规模的控制下放到各省，由省级政府自行制定轮作休耕规模、时序安排和空间布局计划。该方案既维持了中央对全国轮作休耕的管控力，又能调动地方的积极性，激发各地针对自身情况做出较为合理的轮作休耕安排，比较符合我国国情。将轮作休耕纳入土国土空间规划、基本农田建设规划，明确轮作休耕的时限、规模、分布，通过规划实现对轮作休耕的调控。

第三，强制性休耕和自主性休耕的耦合协同。强制性轮作休耕是国家每年安排一定面积的耕地用于轮作休耕，是一种积极、主动的农业结构调整和耕地保护行为。自主性轮作休耕则是地方政府根据各地实际情况，通过政策激励、市场引导等方式开展轮作休耕。协调的关键在于明晰中央和地方政府的边界、行为特征与功能，剖析它们之间的相互作用机理，研究两者的博弈关系，建立相互协调机制。此外，随着农业人口向第二、第三产业转移，很多地区特别是西南地区出现不同程度的耕地撂荒、闲置，这实际上是一种消极的休耕行为，对改善耕地质量并没有起到显著作用，因此，需要引导农户将消极休耕向积极休耕转化。建立撂荒、闲置与休耕的转换机制，将前者纳入休耕体系，将休耕纳入国土空间规划，只有进入休耕体系才能享受政府财政补贴，否则自然资源部门或农业农村等相关管理部门将收回撂荒、闲置的耕地使用权或者征收罚款。

第四，科学全面的轮作休耕监测评价体系。轮作休耕制度本身需要保持一定的灵活性，需要对轮作休耕的客体、主体进行监测，以便及时反馈调整。首先是对轮作休耕耕地的地力、生态环境、土地健康状况的监测，建立土壤环境信息管理系统，实现对各地土壤环境状况的动态化、信息化管理。其次是对参与轮作休耕农户的监测，约束和规范农户的轮作休耕行为，研究降低交易费用、提高制度运行效率的途径。再次，建立轮作休耕制度运行绩效评价体系，针对不同类型的区域，强化第三方对轮作休耕制度进行耕地地力、生态效益、经济效益、社会效益的综合评价，并注重评价结果的运用。

第五，轮作休耕作用于农业供给侧结构性改革的机理。我国农业发展面临的供给侧结构性矛盾主要表现为农产品供求结构失衡、土地资源过度利用、农业生产成本抬升等。耕地轮作休耕不是仅仅局限于耕地利用本身，还涉及农业生产力和生产关系的重大调整，既是农业供给侧结构性改革的重要内容，又是缓解我国突出的农业供给侧结构性矛盾的有效途径。轮作休耕在优化农业生产结构和调整区域布局等方面的作用已经开始显现。根据党的十九届五中全会精神，应推动农业供给侧结构性改革，优化农业生产结构和区域布局，加强粮食生产功能区、重要农产品生产保护区和特色农产品优势区建设，推进优质粮食工程。因此，需要剖析轮作休耕作用于农业供给侧结构性改革的路径、机理，不失时机地推动农业供给侧结构性改革，推动我国农业高质量发展。

第六，后疫情时代中国耕地轮作休耕制度的韧性。历史经验告诉我们，国民经济和社会形势越复杂，越要稳住“三农”，发挥好“三农”的压舱石作用，发挥好农业缓解就业压力的“减压阀”作用，发挥好农村吸纳农业劳动力的“蓄水池”作用。新冠肺炎疫情对我国新生的轮作休耕制度是一次考验，也是一次自我完善的机会。健康的轮作休耕制度应该有预警和免疫机制，因此，从长远来看，应建立健全重大突发公共安全事件情形下的复耕机制，加强对轮作休耕地区农民就业、粮食生产的监测，建立与轮作休耕地区农民就业和粮食安全相挂钩的应激性复耕机制，保持轮作休耕制度的韧性。

中国已经成为世界第二大经济体，经济社会的方方面面已经和世界深度融合。中国已经逐渐建立起了特色鲜明的粮食保障体系和耕地保护制度，正在积极为世界粮食安全和耕地保护贡献中国智慧和中国方案，而建立中国特色的耕地轮作休耕制度正是其中重要的方面。国家社会科学基金重大项目的结项不代表研究的终止，中国的耕地轮作休耕制度建设才刚起步，中国的耕地保护永远在路上，我们对轮作休耕制度建设的关注也永远在路上！

杨庆媛

2020 年 11 月于西南大学